Shantanu Kundu
Sankar Kumar Ghosh

Testudines do Nordeste da Índia: taxonomia clássica e molecular

Shantanu Kundu
Sankar Kumar Ghosh

Testudines do Nordeste da Índia: taxonomia clássica e molecular

ScienciaScripts

Imprint
Any brand names and product names mentioned in this book are subject to trademark, brand or patent protection and are trademarks or registered trademarks of their respective holders. The use of brand names, product names, common names, trade names, product descriptions etc. even without a particular marking in this work is in no way to be construed to mean that such names may be regarded as unrestricted in respect of trademark and brand protection legislation and could thus be used by anyone.

Cover image: www.ingimage.com

This book is a translation from the original published under ISBN 978-620-2-06618-1.

Publisher:
Sciencia Scripts
is a trademark of
Dodo Books Indian Ocean Ltd. and OmniScriptum S.R.L publishing group

120 High Road, East Finchley, London, N2 9ED, United Kingdom
Str. Armeneasca 28/1, office 1, Chisinau MD-2012, Republic of Moldova, Europe
Printed at: see last page
ISBN: 978-620-7-87731-7

ÍNDICE

Sobre o livro:

Os Testudines de água doce (tartarugas e cágados) são um dos sistemas mais antigos da Terra moderna. Desempenham um papel importante no ecossistema e, por conseguinte, são considerados taxa indicadores. De acordo com uma estimativa atual, 356 espécies estão distribuídas globalmente, entre as quais 42% estão ameaçadas de acordo com a Lista Vermelha da IUCN 2017 e 59% de acordo com o Grupo de Especialistas em Tartarugas de Água Doce. O presente livro, "Testudines of the Northeast India: classical and molecular taxonomy" (Testudines do Nordeste da Índia: taxonomia clássica e molecular), contém informações sistemáticas completas sobre 16 espécies de Testudines existentes no nordeste da Índia. O livro inclui chaves taxonómicas actualizadas, nomes vulgares, avaliações do estatuto (IUCN, CITES, IWPA) e mapas de distribuição detalhados após a revisão de vários artigos de investigação e trabalhos de revisão contribuídos por investigadores/cientistas eminentes de todo o mundo. O livro contém também a informação genética dos Testudines provenientes pela primeira vez da Índia, com números de acesso únicos obtidos da base de dados mundial (GenBank) e informação filogenética. Espera-se que este livro seja útil no vasto espetro da investigação sobre biodiversidade, particularmente em Taxonomia, Ecologia, Ciências da Vida Selvagem, Biotecnologia e Biologia da Conservação.

Sobre o autor:

Os autores utilizam a taxonomia e a genómica para compreender a sistemática das tartarugas de água doce. Fizeram um levantamento do sistema do nordeste da Índia e estudaram-nos com uma combinação de caracteres fenotípicos, genes mitocondriais e métodos de delimitação para perceber a sua diversidade genética, relação evolutiva e melhor medida de conservação.

RECONHECIMENTO

Expresso a minha sincera gratidão ao Honorável Vice-Chanceler da Universidade de Assam, Silchar, e ao Reitor da Escola Hargobind de Ciências da Vida pela sua inspiração constante, ajuda sincera e cooperação durante o período de realização do trabalho de investigação. Estou muito agradecido e grato aos membros do corpo docente e ao pessoal técnico e administrativo do Departamento de Biotecnologia da Universidade de Assam, Silchar, por apoiarem a minha investigação, disponibilizando as instalações laboratoriais necessárias e dando-me apoio moral e ajuda neste trabalho de investigação.

O Dr. Boni Amin Laaskar, o Dr. Kulendra Ch. Das, o Dr. Abhijit Das, o Dr. HT Lalremsanga, o Sr. Joynal Abedin e o Sr. VL Hrima são altamente reconhecidos por partilharem ideias sobre o programa de investigação contemporâneo dos quelónios. Agradeço a todos os meus colegas as suas deliberações científicas e o seu apoio constante durante o trabalho do projeto.

Agradeço ao Departamento de Florestas de Assam e a outros estados do leste e do nordeste da Índia a autorização para efetuar o trabalho de campo deste programa de investigação.

Gostaria de agradecer a todos os meus colegas do laboratório de investigação em Biologia Molecular e Genómica e a todos os outros colegas do laboratório. Agradeço também a todos os meus colegas de departamento, aos meus alunos mais novos e aos assistentes de laboratório/pessoal de campo pela sua cooperação ativa e ajuda durante a experiência e pelo tempo partilhado para decifrar conhecimentos no domínio da minha investigação e durante a realização desta dissertação.

Por último, mas não menos importante, agradecemos aos membros da nossa família pelo seu apoio moral constante durante o trabalho do projeto. Por último, gostaria de estender os meus sinceros agradecimentos a todos os meus simpatizantes pelo seu apoio moral e inspiração constante ao longo da minha vida e cujas bênçãos estão sempre comigo e continuarão a estar no futuro também.

Autores

1. INTRODUÇÃO:

As tartarugas e cágados do leste e nordeste (NE) da Índia foram adquiridos especificamente para o presente trabalho de investigação. Foram recolhidos vários dados morfométricos e registos de campo de animais selvagens, bem como de mercados de diferentes localizações geográficas do leste e nordeste da Índia. O comité de ética institucional e o Departamento de Florestas, Governo da Índia, permitiram-nos realizar esta investigação científica e a recolha de amostras. Todos os exames críticos e a caraterização molecular convencional através de marcadores de ADN ao nível das espécies dos espécimes recolhidos e a análise dos dados (*insilico*) foram efectuados no Departamento de Biotecnologia da Universidade de Assam. O método taxonómico tradicional de identificação de espécies através de caracteres morfológicos por vezes não consegue detetar as espécies reais de quelónios (Gray1864; Jerdon 1870; Ernst e Barbour 1998; Adler 2007). Por conseguinte, para facilitar a conservação de tartarugas e cágados no leste e no nordeste da Índia, é necessário compreender as características específicas da história de vida das espécies para obter informações sobre a sua biologia e ecologia (Bhupathy et al. 1992; Moll 1984; Moll e Iverson 2008; Whitaker 2012).

Por conseguinte, existe uma necessidade urgente de adotar uma abordagem molecular racionalizada para uma identificação precisa das espécies (Crumly 1984; Al-Mohanna e George 2010). O código de barras de ADN é a técnica recente mais utilizada para a identificação de espécies e é rápida e exacta (Herbert et al. 2003 a, b; Herbert et al. 2004 a, b). A sua técnica baseia-se no conceito de que as sequências de um *COI* mitocondrial parcial (~650 pb) apresentam maior semelhança/menor divergência com as mesmas espécies disponíveis em bases de dados (Naro-Maciel et al. 2008, 2010; Reid et al. 2011). Esta vantagem proporcionada pela pesquisa de semelhanças em várias bases de dados pode ser acedida para detetar o espécime a partir de qualquer uma das suas partes do corpo ou em qualquer fase da vida. Para além disso, a análise baseada na sequência de ADN tem demonstrado o seu potencial na investigação forense da vida selvagem (Dawnay et al. 2007; Nelson et al. 2007). Por conseguinte, no presente estudo, fizemos um levantamento das tartarugas e cágados no leste e no nordeste da Índia e identificámos as espécies com precisão através da técnica de código de barras do ADN. Estas abordagens podem facilitar a proteção contra a caça incriminada e a caça furtiva através da localização de amostras desconhecidas e da conservação das espécies de tartarugas na área de distribuição conhecida.

1.1. Lineamentos comuns da tartaruga e do cágado:

A tartaruga, o cágado e o cágado são répteis da ordem 'Testudines' (Superordem - Chelonia) e caracterizam-se por uma carapaça óssea ou cartilaginosa particular que actua como um escudo (Annandale 1915). Estes grupos referem-se por vezes aos Testudines como um todo e incluem espécies existentes (vivas) e extintas (Gaffney 1975 a). Os testudines sobreviveram na Terra desde a existência dos dinossauros e são conhecidos como o animal mais antigo de todos os répteis sobreviventes (Chun et al. 2008). A carapaça dos testudines é única e protegeu-os ao longo de 220 milhões de anos de climas alterados e apesar da evolução dos predadores vertebrados (Barth et al. 2004). À semelhança de outros répteis conhecidos, os testudines são ectotérmicos e a sua temperatura interna muda com a atmosfera, sendo normalmente designados por animais de sangue frio (Biswas e Acharjyo 1984). Os quelónios respiram ar e não põem ovos debaixo de água, embora muitas espécies sobrevivam na água ou perto dela, à semelhança de outros amniotas (répteis, dinossauros, aves e mamíferos) (Rieppel 2000; Hedges 2012). Os maiores grupos de tartarugas são aquáticos; alguns são aquáticos ou terrestres, mas as tartarugas são totalmente terrestres na natureza. A classificação dos Testudines tem sido uma questão controversa durante vários anos e, após muitas contribuições científicas, a sistemática exacta destes répteis ainda é intuitiva (Turtle Taxonomy Working Group 2009, 2010, 2011, 2012).

Classificação taxonómica:

Reino: Animalia Filo: Chordata Classe: Reptilia Ordem: Testudines

Organismos celulares; Eukaryota; Opisthokonta; Metazoa; Eumetazoa; Bilateria; Deuterostomia; Chordata; Craniata; Vertebrata; Gnathostomata; Teleostomi; Euteleostomi; Sarcopterygii; Tetrapoda; Amniota; Sauropsida; Testudines; Cryptodira;

- Trionychoidea; Trionychidae (Tartaruga de carapaça mole)
- Testudinoidea; Geoemydidae (Tartaruga de casco duro)
- Testudinoidea; Testudinidae (Tartaruga)
- Chelonioidea; Cheloniidae, Dermochelyidae (Tartaruga marinha)

O cágado e a tartaruga são caracterizados por uma carapaça que envolve completamente ambas as cinturas dos membros. A morfologia da carapaça é muito singular e misteriosa para todas as espécies de Testudines existentes (Pritchard 1979). A variação de cor da carapaça e do plastrão é por vezes semelhante nas suas diferentes fases de vida. Todos os membros vivos dos Testudines estão divididos em duas subordens com base na morfologia única do seu pescoço. Um grupo pode puxar o pescoço para dentro da carapaça entre os ombros; daí o nome

Cryptodira, que implica "pescoço escondido" e o outro grupo pode manter o pescoço ao lado do ombro; nomeadamente Pleurodira, a tartaruga de "pescoço lateral". Muitos representantes das espécies Cryptodires têm as suas marcas de patas na maioria dos países do Sudeste Asiático. Este grupo de animais encontra-se tanto em ambiente aquático como terrestre e esta morfologia única exprime-se invariavelmente devido às suas diferentes substâncias ecológicas (Smith 1931; Pritchard 1967).

1.2. Ecologia e história de vida:

Todas as tartarugas e cágados existentes habitam uma grande variedade de ambientes: mares abertos, cordilheiras e costas tropicais, água salgada, áreas de água doce e biomas terrestres, incluindo desertos, florestas tropicais, montanhas e pradarias (Talukdar 1979). Este grupo de répteis é geralmente herbívoro, omnívoro e ocasionalmente carnívoro por natureza (Ahmed et al. 2009). A maioria das tartarugas é omnívora, mas algumas tartarugas terrestres e tartarugas marinhas são estritamente herbívoras. Apesar de serem ectotérmicas, muitas tartarugas aquecem-se ao sol para aumentar a sua temperatura corporal até um ponto ótimo. A maior parte das tartarugas não consegue manter-se enérgica durante períodos de tempo muito quentes ou muito frios. Por isso, a hibernação no inverno e a estivação no verão são comuns aos membros deste grupo. Sendo amniotas, todas as tartarugas e cágados têm a abordagem básica de pôr ovos nos seus ninhos terrestres. Foi igualmente referido que o sexo da maioria das espécies de tartarugas é também influenciado por factores ambientais (Barman 1996).

1.3. Distribuição:

Atualmente, a tartaruga e o cágado estão representados por cerca de 460 taxa (espécies e subespécies) que se encontram em todas as regiões tropicais e temperadas do mundo (The Reptile Database 2013). Nos países do Sudeste Asiático, as regiões leste e nordeste da Índia abrigam uma população abundante de muitas espécies de tartarugas e cágados e foram consideradas um tesouro da diversidade deste réptil em particular. Globalmente, existem 305 espécies de tartarugas e cágados, pertencentes a 12 famílias, em sete grandes regiões biogeográficas do globo (Buhlmann et al. 2009). No início do século XXI, as tartarugas representam um dos grupos de vertebrados mais ameaçados. Atualmente, 228 espécies reconhecidas foram incluídas na Lista Vermelha da União Internacional para a Conservação da Natureza e dos Recursos Naturais (IUCN) (IUCN 2012) e cerca de 11% estão em risco baixo/quase ameaçadas; 5% em Baixo risco/ Menos preocupante; 1% em Baixo risco/ Dependente de conservação; 12% em Menos preocupante; 4% em Quase ameaçado; 25% em Vulnerável; 14% em Criticamente em perigo; 19% em Ameaçado; 3% em Extinto e 5% em

Dados deficientes (Fig. 1). Entre o total de tartarugas e cágados sobreviventes no mundo, 77 espécies endémicas encontram-se em países asiáticos (do Paquistão ao Japão, incluindo a Indonésia e os arquipélagos das Filipinas; Paleártico Oriental e Oriental); entre elas, mais de 19 espécies diferentes habitam atualmente o subcontinente indiano (Fig. 2). A região oriental e NE da Índia partilha dois hotspots de biodiversidade do mundo: Os Himalaias Orientais e o Indo-Barma (Ravindranath et al. 2011). A região NE é rica em biodiversidade porque se situa na encruzilhada biogeográfica de duas placas continentais; muitas espécies são endémicas e muitas ainda estão por descrever na região. Foram descobertas pelo menos 353 novas espécies nos Himalaias Orientais, o que equivale a uma média de 35 novas espécies descobertas por ano nos últimos 10 anos (Traffic 2004). No total, 34 tartarugas e cágados ocorrem no subcontinente indiano e, destes, *Indotestudo travancorica, Nilssonia leithii* e *Vijayachelys silvatica* são estritamente endémicos da Índia. O quadro 1 mostra que um total de 31 quelónios diferentes, incluindo espécies marinhas, foram encontrados nas regiões oriental e NE (Das 1991, 1995). A Fig. 3 mostra a distribuição conhecida de 18 espécies de quelónios no leste e no nordeste da Índia, que também partilha com outras regiões, e a expansão da área de distribuição de *Indotestudo forstenii* permanece inconclusiva.

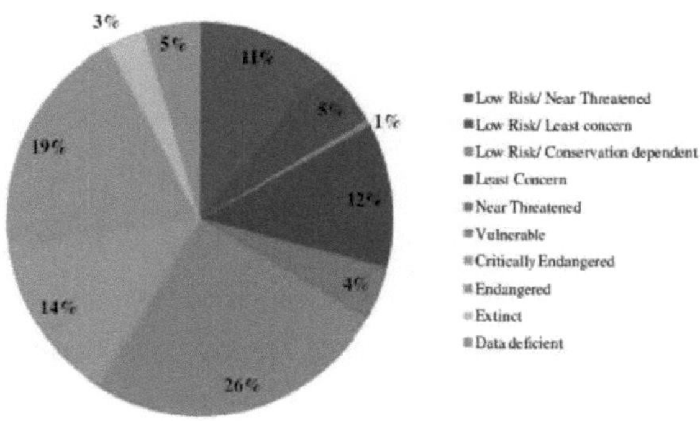

Figura 1: Estatuto da IUCN das espécies de Testudiues do mundo (IUCN-2012.2). A maioria das espécies está incluída no estatuto de Vulnerável ou Ameaçado.

1.4. Importância ecológica:

Os testudines são a mais importante criatura de vida longa da Terra e desempenham um papel vital no ecossistema (Reisz e Head 2008). Este grupo é também muito lucrativo para o homem, devido às suas várias importâncias económicas e terapêuticas; no entanto, esta atividade cria uma pressão adicional sobre a população natural. A tartaruga é um símbolo popular na mitologia devido à sua longevidade e aparência. Na história antiga, o povo mesopotâmico acreditava que a tartaruga estava associada a um dos seus deuses chamado "Ea", e na Índia, na mitologia hindu, diz-se que um avatar de "Vishnu" é a tartaruga gigante "Kurma". A carne de tartaruga tem sido considerada de grande valor porque o seu valor medicinal é extremamente elevado. A medicina tradicional chinesa (MTC) utiliza a tartaruga como alimento e medicamento há centenas de anos. Cerca de 15-20% da medicina ayurvédica baseia-se em substâncias derivadas de animais na Índia (Gibbons et al. 2000). A maior parte dos grupos étnicos do leste e do nordeste da Índia gostam de carne de tartaruga. Presume-se que o sangue de tartaruga seja um tratamento para hemorróidas e fístulas e que a carne seja um remédio para a gota e a artrite, enquanto a carapaça da tartaruga de carapaça mole é também utilizada como medicamento para doenças de pele, febre, reumatismo, dor de ouvidos, dor de garganta e inchaço (Das et al. 2012 a, b). A sopa de tartaruga é altamente recomendada como o melhor medicamento possível para reanimar os rins que estão a falhar. Assim, devido à elevada procura de tartaruga para uso humano, as populações naturais de tartaruga estão a enfrentar graves ameaças de sobre-exploração. Por conseguinte, a conservação *in-situ* e *ex-situ* dos habitats naturais, bem como no museu, é urgente para proteger este informador da natureza do período Triássico tardio (Bohm et al. 2012).

1.5. Medidas de conservação:

Várias organizações de conservação internacionais, nacionais ou regionais viz, Turtle Survival Alliance (TSA), Indian Turtle Conservation Program (ITCP), Wildlife Institute of India (WII), International Union for Conservation of Nature/ Species Survival Commission (IUCN/SSC), Tortoise and Freshwater Turtle Specialist Group, World Wildlife Fund (WWF) India, The Madras Crocodile Bank Trust and centre for Herpetology (MCBT), Wildlife Protection Society of India (WPSI), Indian Scientific and Industrial Research Organization (SIRO), Centre for Wildlife Research and Conservation Action (CWRCA), The Turtle Conservation & Research Programme (TCRP) e The Rufford Small Grants Foundation estão preocupados em proteger as zonas húmidas e os habitats selvagens e tentam também regulamentar o comércio de espécies de tartarugas ameaçadas. As lacunas da investigação neste domínio específico devem ser descobertas para uma melhor aquisição e conservação estratégica (Gong et al. 2006; Das 2009 a).

A extinção da biodiversidade, nomeadamente dos quelónios, reduz frequentemente a produtividade dos ecossistemas. Embora a extinção de espécies sempre tenha ocorrido como um fenómeno natural, a sua rapidez acelerou em resultado da atividade humana. Gradualmente, os ecossistemas estão a ser fragmentados ou eliminados, e infinitas espécies estão em declínio ou já extintas da natureza. A conservação da diversidade biológica é uma preocupação comum da humanidade e é parte integrante do processo de desenvolvimento. É importante estudar os ecossistemas, as espécies e os recursos genéticos de locais geográficos distantes a nível mundial. Muitos taxonomistas, conservacionistas e biólogos estão atualmente envolvidos na proteção da biodiversidade, utilizando os esforços tradicionais de conservação e também a aplicação da biotecnologia para uma maior exploração (Van Dijk et al. 2000).

1.6. Marcadores moleculares na identificação de Testudines:

A evolução recente da biotecnologia abriu a possibilidade de utilizar vários tipos de instrumentos moleculares para identificar e utilizar a variação genómica de vários organismos. A ideia de utilizar variações ao nível do ADN como marcadores genéticos de primeira geração começou com o Polimorfismo de Comprimento de Fragmentos de Restrição (RFLP) (Sambrook e Russel 2001). Quando o ADN de diferentes indivíduos é digerido com enzimas de restrição, as diferenças de tamanho dos fragmentos de ADN resultantes podem ser visualizadas através da hibridação Southern com uma sonda marcada. O ensaio convencional baseado na hibridação para detetar variações ao nível do ADN foi substituído pelo ensaio baseado na Reação em Cadeia da Polimerase (PCR) e evoluiu para detetar variações ao nível do ADN através de primers específicos para tartarugas e cágados (Engstrom et al. 2007). A geração seguinte de marcadores moleculares, responsável por várias revoluções no domínio da genética molecular, é a dos microssatélites - matrizes de sequências de ADN de nucleótidos repetidos em tandem utilizadas em Testudines (Schwartz et al. 2003; Alacs et al. 2009 b). No entanto, desenvolvimentos recentes em biologia molecular abriram a possibilidade de empregar vários tipos de marcadores moleculares para identificar vários organismos utilizando a variação genómica, que se expressa em caracteres morfométricos.

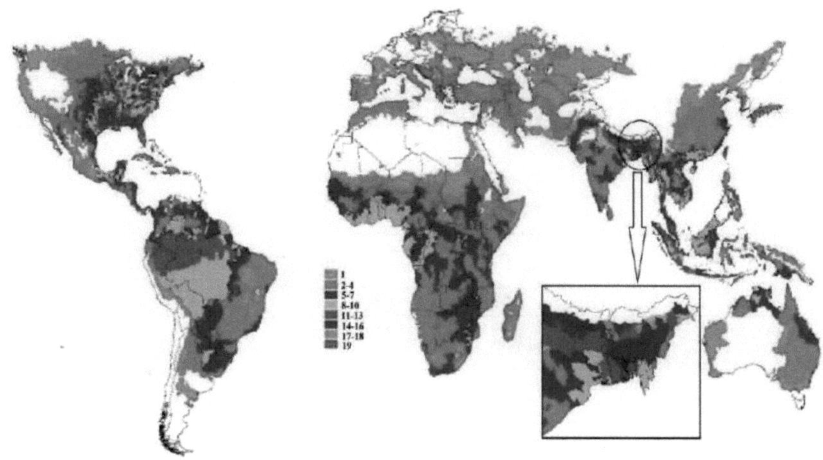

Figura 2: Padrões globais de locais de riqueza de espécies de todas as 305 espécies de Testudines existentes (tartaruga - 45 e tartaruga de água doce - 260). A escala dos códigos de cores indica o número de espécies em cada área. A seta mostra a área de maior riqueza de espécies de tartarugas do mundo, nas drenagens da bacia do rio Ganges-Brahmaputra, na Índia. Este mapa de referência é da autoria de Buhlmann et al. (2009).

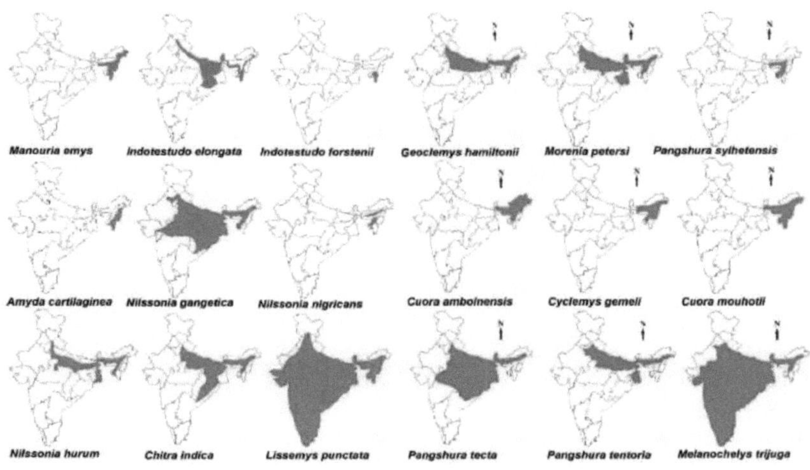

Figura 3: Os mapas em pequena escala mostram a distribuição conhecida das espécies de quelónios existentes no leste e no nordeste da Índia. A cor cinzenta no mapa indica a distribuição da tartaruga terrestre, a cor azul a distribuição da tartaruga de carapaça mole e a cor verde a distribuição da

tartaruga de carapaça dura.

Quadro 1: Lista das espécies de quelónios existentes no subcontinente indiano

Sl.No.	Nome comum	Nome científico	CITES	IWPA	IUCN
1	Tartaruga de casca mole indiana	*Nilssonia gangetica*	Apêndice 1	Sch-I	VU
2	Tartaruga Softshell preta	*Nilssonia nigricans*	Apêndice 1	Sch-IV	Extinto na natureza
3	Tartaruga pavão indiana	*Nilssonia Iiurnm*	Apêndice I	Sch-I	VU
4	Tartaruga de Leith	*Nilssonia Ieithii*	Não listado	Sch-IV	VU
5	Tartaruga de carapaça mole de cabeça estreita	*Chita indica*	Apêndice II	Sch-Il	PT
6	Tartaruga de carapaça mole indiana	*Lissemys punctata*	Apêndice II	Sch-I	Baixo risco, menor preocupação
7	Tartaruga de carapaça mole da Malásia	*Amyda cartilaginea*	Apêndice 11	Não listado	VU
8	Tartaruga gigante de carapaça mole asiática	*Pelochelys can to rii*	Apêndice 11	Sch-I	PT
9	Tartaruga de caixa da Malásia	*Cuora amboinensis*	Apêndice 11	Não listado	VU
10	Negro indiano	*Melanochelys Irijuga*	Não listado	Não listado	Baixo risco, Quase ameaçado
11	Tartaruga de caixa com quilha	*Cuora mouhotii*	Apêndice 11	Não listado	PT
12	Tartaruga de olhos indianos	*Morenia petersi*	Não listado	Não listado	VU
13	Tartaruga de telhado indiana	*Pangshura tecta*	Apêndice 1	Sch-I	Baixo risco, menor preocupação
14	Tartaruga de telhado de Assam	*Pangshura sylhetensis*	Apêndice 11	Sch-I	PT
15	Tartaruga de tenda indiana	*Pangshura tentoria*	Apêndice 11	Não listado	Baixo risco, menor preocupação
16	Tartaruga manchada	*Geoclemys hamiltonii*	Apêndice 1	Sch-I	VU
17	Tartaruga de folha indiana	*Cyclemys gemeli*	Não listado	Sch-I	Baixo risco, Quase ameaçado
18	Tartaruga de teto castanho	*Pangshura smithii*	Apêndice 11	Não listado	Baixo risco, Quase ameaçado
19	Cágado-de-carapaça-estriada	*Batagur baska*	Apêndice 1	Sch-I	CR
20	Tartaruga de telhado de coroa vermelha	*Batagur kachga*	Apêndice 11	Sch-I	CR
21	Tartaruga de telhado com três riscas	*Batagur dhongoka*	Apêndice 11	Não listado	PT
22	Tartaruga terrestre com três quedas	*MeIanochelystncannata*	Apêndice 1	Sch-IV	VU
23	Tartaruga de rio coroada	*Hardella thurjii*	Não listado	Não listado	VU
24	Tartaruga de cana da	*Vijayachelys Silvatica*	Não listado	Sch-I	PT

	floresta de Cochin				
22	Tartaruga castanha asiática	*Manouria emys*	Apêndice H	Sch-IV	PT
23	Tartaruga alongada	*Indotestudo elongata*	Apêndice H	Sch-IV	PT
24	Tartaruga de Forsten	*Indotestudo forstenii*	Apêndice H	Sch-IV	PT
25	Tartaruga de Travancore	*Indotestudo travancorica*	Apêndice H	Sch-IV	VU
26	Tartaruga da Índia	*Geochelone elegans*	Apêndice H	Sch-IV	VU
27	Tartaruga marinha cabeçuda	*Caretta caretta*	Apêndice 1	-	PT
28	Tartaruga marinha de Oliva	*Lepidochelys olivacea*	Apêndice 1	-	VU
29	Tartaruga verde	*Cheionia mydas*	Apêndice 1	-	PT
30	Tartaruga-de-pente	*Eretmochelys imbricata*	Apêndice 1	-	CR
31	Tartaruga de couro	*Dermochelys coriacea*	Apêndice 1	-	CR

1.7. Inventariar a biodiversidade através do ADN:

A taxonomia é o domínio da biologia que se ocupa da descrição, identificação morfológica, nomenclatura e classificação dos organismos biológicos, embora seja ineficaz para uma distinção clara entre o biota terrestre. A avaliação da biodiversidade num determinado ecossistema depende da realização de inventários detalhados de espécies e variedades. Trata-se de uma tarefa espantosa e, de acordo com as estimativas, dos 10 milhões de espécies existentes, apenas 1,5 milhões foram descritos até à data (Borisenko et al. 2008). Com o advento da genética molecular, os dados sobre a biodiversidade estão a ser recolhidos a um ritmo sem precedentes através da sequenciação do ADN. Está em curso um esforço global para estudar organismos geneticamente diversos na Terra através de marcadores de ADNmt e de ADN nuclear (Arif e Khan 2009; Vamberger et al. 2011).

1.8. ADN mitocondrial (ADNmt):

O significado dos dados do ADNmt de qualquer espécie biológica está atualmente subjacente a uma técnica útil e autêntica. O mitocôndrio é o organelo que contém o seu próprio ADN e é codificado por 37 genes (Fig. 4). É evidente que o genoma mitocondrial dos animais é um melhor alvo de análise do que o genoma nuclear, devido à ausência de intrões e à sua exposição limitada à recombinação e ao modo de herança haploide. O ADNmt tem uma taxa de mutação relativamente rápida, o que resulta numa variação significativa das sequências genéticas entre espécies e numa variação comparativamente pequena dentro das espécies de Testudines (Caccone et al. 1999; Praschag et al. 2007 a). O ADN mitocondrial completo, com os seus diferentes loci, constitui uma fonte útil de informação genética para os cientistas envolvidos na genética populacional e na biologia evolutiva de qualquer quelónio (Zardoya e Meyer 1998; Serb et al. 2001; Parham et al. 2006 a, b; Zhang et al. 2008; Drosopoulou et al. 2012). Apesar de terem sido sugeridos vários loci (*12S*, *16S*, *cytb*, etc.), uma região de 648 pb do gene mitocondrial citocromo oxidase subunidade I (*COI*) proporcionou uma forte capacidade de resolução ao nível da espécie para grupos animais variados (Hsieh et al. 2008; Lee et al. 2009; Linacre 2012).

1.9. DNA barcoding: ferramenta para a identificação de espécies:

O código de barras de ADN para identificação de espécies baseia-se na amplificação focalizada de apenas 648 pb do gene mitocondrial *COI* perto da sua extremidade 5/ . Paul D. N. Hebert (Hebert et al. 2003 a, b), um professor da Universidade de Guelph, Ontário, Canadá, trouxe pela primeira vez este conceito de código de barras de ADN com um anúncio de que serviria de base para a identificação de amostras biológicas globais inteiras. O gene *COI* da mitocôndria tem duas vantagens importantes. Em primeiro lugar, os primers universais para este gene são muito robustos, permitindo a recuperação da sua extremidade 5/ e (ii) em segundo lugar, *o COI* parece possuir uma maior amplitude de sinal filogenético do que qualquer outro gene mitocondrial. À semelhança de outros genes codificadores de proteínas, os seus nucleótidos na terceira posição apresentam uma elevada incidência de substituições de bases, conduzindo a uma taxa de evolução molecular cerca de três vezes superior à de outros locus. De facto, a evolução deste gene é suficientemente rápida para permitir a discriminação não só de espécies estreitamente aliadas, mas também de grupos filogeográficos dentro de uma única espécie. Este gene é mais suscetível de fornecer conhecimentos filogenéticos mais profundos para toda a biodiversidade animal (Desalle et al. 2005; Gregory 2005; Cywinska et al. 2006; Desalle 2006; Rubinoff et al. 2006; Bergsten et al. 2012). O sucesso global do código de barras de ADN levou os entusiastas a pensar numa recolha de dados de códigos de barras de ADN em grande escala em bases de dados de todo o mundo para todas as espécies que persistem. A esta campanha comum foi dado o nome de "Projeto Código de Barras da Vida". Várias biotas terrestres foram incluídas em todas as grandes iniciativas, nomeadamente (i) Consórcio para o Código de Barras da Vida (CBOL) (ii) FISH-BOL, o Código de Barras da Vida dos Peixes, etc. Embora os répteis ainda não tenham sido incluídos em nenhuma destas iniciativas importantes, recentemente, o Instituto de Zoologia de Kunming (KIZ) lançou uma iniciativa, nomeadamente a nova campanha de códigos de barras para anfíbios de sangue frio e répteis não aviários (COLDCODE), financiada pela Academia Chinesa de Ciências e pela Fundação Nacional de Ciências da China. Do mesmo modo, este tipo de iniciativas pode ajudar a conhecer a biodiversidade exacta da herpetofauna na Terra. A compilação de uma biblioteca pública de sequências específicas de espécies e dos seus atributos nucleotídicos permitirá esta nova conceção (Vilgalys 2003; Will et al. 2005; Yoo et al. 2006; Wong et al. 2009).

1.10. Características genómicas, filogenética e evolução molecular:

A variação genética é geralmente considerada neutra, mas uma única alteração de base dentro e à volta de um gene pode afetar a sua expressão ou a função dos seus produtos proteicos. A maior parte das alterações são deletérias e, por isso, acabam por ser eliminadas através da seleção purificadora na natureza. No entanto, as mutações positivas podem varrer a população e fixar-se, contribuindo assim para a diferenciação das espécies (Janzen et al. 2005; Hajibabaei et al. 2006; Bhattacharjee et al. 2012 a, b). A filogenética molecular, uma representação gráfica da história evolutiva, aplica uma amálgama de técnicas moleculares e estatísticas para inferir relações evolutivas entre tartarugas e cágados ou genes (Cao et al. 2000; Barley et al. 2010). De acordo com a teoria evolutiva moderna, todos os organismos na Terra descendem de um antepassado comum, o que significa que qualquer conjunto de espécies, existentes ou extintas, está relacionado. Nas últimas décadas, este domínio foi ainda mais estimulado e delineado para muitos organismos complexos. À medida que os montes de dados genómicos se tornam publicamente disponíveis, as abordagens filogenéticas servem diversas aplicações em domínios biológicos, especialmente nos Testudines (Fujita et al. 2004; Chandler e Janzen 2009). A filogenética molecular e a datação de eventos de especiação é um dos principais objectivos dos estudos evolutivos (Avise et al. 1992; Feldman e Parham 2002; Caccone et al. 2004). A hipótese do relógio molecular tem sido utilizada para estimar o tempo de ocorrência de eventos designados por especiação ou radiação. O relógio evolutivo, por si só, só pode dizer a taxa de evolução com o tempo quando combinado com os registos fósseis, e permite datar eventos de ramificação em árvores filogenéticas. Esta técnica é uma ferramenta importante na sistemática molecular, a utilização de informação genética para determinar a classificação científica correcta dos organismos (Near et al. 2005).

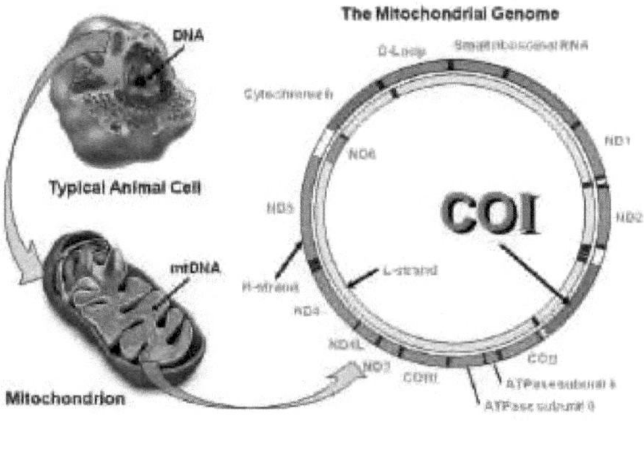

Figure 4: Diagram of mitochondrial genome and relevant arrangement of genes.

Figura 4: Diagrama do genoma mitocondrial e disposição relevante dos genes.

1.11. Lacunas de investigação relevantes para a identificação de Testudines na Índia:

A sobre-exploração e o comércio não regulamentado são as principais causas do declínio acentuado das populações de muitas espécies de tartarugas, especialmente da Ásia (Van Dijk et al. 2000; Altherr e Freyer 2000; Fong et al. 2007). A continuidade de um grupo tão antigo e icónico está a ser alvo de um ataque concertado, tendo-se tornado vítimas proeminentes do alarmante desastre global da biodiversidade. Sem uma conservação efectiva, uma grande parte da diversidade de tartarugas poderá perder-se no próximo século. Por conseguinte, existe uma necessidade urgente de proteger os conjuntos genéticos de tartarugas, particularmente no leste e no nordeste da Índia, antes que atinjam o limiar da extinção. Este dilema conduz frequentemente à identificação de espécies de Testudines indianos e constitui uma grande desvantagem na investigação da biodiversidade de tartarugas quando os métodos morfológicos tradicionais são a base. Uma identificação exacta ao nível das espécies é estritamente essencial antes do desenvolvimento de um pacote de práticas e da aplicação da conservação de qualquer espécie prioritária (Bowen et al. 1993; Stoeckle 2003). Nos últimos tempos, os padrões de distribuição de muitas tartarugas e cágados também estão a criar confusão (Das e Gupta 2011). Desde o início dos métodos biotecnológicos, e tendo como princípio a sequenciação dos genes, as alterações e a remodelação dos quatro nucleótidos constituem a espinha dorsal da identificação das tartarugas e cágados e da sua evolução (Engstrom e McCord 2002; Austin et al. 2003; Alacs et al. 2009 a, b). Os biólogos da conservação são também encorajados a considerar a utilização de dados e conceitos genéticos aquando do desenvolvimento de estratégias de conservação para as tartarugas. Por conseguinte, assumimos esses objectivos para a presente investigação, o que facilitará a genética de conservação dos *quelónios* do leste e do nordeste da Índia através de uma identificação adequada por meio de abordagens baseadas em marcadores moleculares racionalizados, juntamente com estudos morfológicos (Kundu et al. 2013 a, b).

1.12. Objectivos da investigação:

Tendo em conta a falta de informação na base de dados global sobre as espécies de Testudines indianas, foram definidos os seguintes objectivos para explorar e colmatar a lacuna de conhecimento:

- Um estudo pormenorizado da diversidade de Testudines do leste e nordeste da Índia com base em características morfológicas.
- Desenvolvimento de um marcador molecular específico da espécie como código de barras de ADN através da sequenciação do gene cox1 do genoma mitocondrial.
- Avaliação de haplótipos em espécies de tartarugas e cágados no leste e nordeste da Índia com base na região do código de barras.
- Estabelecer a relação filogenética dentro da ordem Testudines através da análise da região do código de barras do gene cox1.
- Identificação da variação caraterística de aminoácidos nas espécies de Testudines em estudo.

2. REVISÃO DA LITERATURA:

Foram publicados vários artigos de investigação, livros e revisões durante um longo período de tempo. Existem muitas controvérsias na sistemática das tartarugas e cágados indianos. Para esclarecer este enigma, foram envolvidas muitas abordagens morfológicas e moleculares e tentou-se resolver esta ambiguidade. Por conseguinte, no contexto indiano, verificou-se que foram realizados trabalhos moleculares limitados para identificar este animal e protegê-lo na natureza.

2.1. História da tartaruga e do cágado da Índia:

A principal obra disponível sobre os répteis da Índia Britânica, incluindo a Índia, foi 'The Reptiles of British India' de Gunther (1864). Os trabalhos de Jerdon (1870) e Boulenger (1890) foram principalmente sobre a herpetofauna indiana. Smith (1931) iniciou o estudo dos quelónios da Índia do Norte, com a publicação de 'The Fauna of British India, including Ceylon and Burma. Reptilia and Amphibia'. Propôs a distribuição dos Testudines na Índia, bem como no estado de Assam. Posteriormente, vários estudos documentaram a diversidade e a distribuição de tartarugas e cágados nesta região. Sinonimizou a nova subespécie em *Trionyx gangeticus* e outras duas subespécies em *Lissemys punctata granosa* e *Kachuga tectum tentoria.*

Pritchard (1979), relatou "Living Turtle of the World" (Tartaruga Viva do Mundo), fornecendo uma exposição sistemática de todas as tartarugas do mundo na "Encyclopaedia of Turtle" (Enciclopédia das Tartarugas), para fornecer a diversidade das tartarugas e as suas muitas e maravilhosas adaptações, taxonomia e história natural dos quelónios. Daniel (1983) publicou "The book of Indian Reptiles" que descreve a história natural dos répteis que ocorrem habitualmente no subcontinente indiano.

O trabalho de Biswas e Acharjyo (1984) sobre os quelónios aquáticos das regiões orientais da Índia é o único trabalho importante sobre a tartaruga de água doce. Descreveu uma nova subespécie, *Trionyx gangeticus mahanaddicus* e registou várias outras espécies como Trionyx leithi, Emyda punctus *mahanaddicus: Trionyx leithi, Emyda punctata granosa* e *Kachuga tectum intermedia* da parte oriental de Odisha. Além disso, Biswas e Acharjyo (1984) discutiram as notas sobre "Ecologia e biologia da tartaruga do rio em Odisha". Handbook: Indian Testudines, de Tikader e Sharma (1985), fornece informações completas sobre 32 espécies que habitam as diferentes eco-diversidades da Índia. Posteriormente, Das (1985) publicou "A field guide on Indian turtle". O conhecimento dos Testudines não marinhos na Índia aumentou rapidamente nos anos 80 com uma série de estudos efectuados pelos investigadores e seus colaboradores (Boulenger 1907; Moll e Vijaya 1986; Moll 1987).

Das (1990, 1991) publicou também um "Colour guide to the turtle and tortoise of the Indian subcontinent". Alguns estudos indicam também que, apesar de o comércio de tartarugas ser muito frequente no Norte da Índia, no Sul da Índia e no Nordeste da Índia, é bastante localizado e difícil de quantificar. Das (1995) e Choudhury (1995) publicaram "Turtle and tortoise of India" e "A photographic guide to snakes and other reptiles of India". No entanto, vários estudos efectuados na Índia investigaram a biologia da reprodução e a ecologia reprodutiva da tartaruga e do cágado (Bury 1979; Frazier e Das 1994; Das 2008).

Até à data, os estudos sobre tartarugas e cágados no Nordeste da Índia têm-se limitado, em grande medida, à inventariação de taxa e a aspectos de distribuição. Não existe praticamente nenhuma informação disponível sobre os diferentes aspectos da ecologia e biologia dos quelónios no Nordeste da Índia. Choudhury 1995, relatou o conteúdo da coleção de tipos de répteis do Zoological Survey of India, com sede em Calcutá e várias estações regionais no país, que incorpora as colecções da Sociedade Asiática de Bengala e do Museu Indiano. No total, estão presentes 556 tipos primários e secundários, incluindo 289 tipos com nome (dos quais 27 Chelonii).

Barman (1996) registou a ocorrência de tartarugas de concha mole pavão indianas nesta região. Vários estudos efectuados em países do Sudeste Asiático e noutras partes do mundo analisaram igualmente vários aspectos da ecologia e biologia dos quelónios, tais como os padrões de utilização do habitat, a divergência de nichos, os hábitos alimentares (Talukdar 1979; Dutta 1997; Datta 1998; Gupta 2002; Das e Gupta 2004). Além disso, foram realizados vários estudos de campo e documentação no norte, oeste, sul e nordeste da Índia por diferentes grupos de trabalho taxonómicos e conservacionistas para conhecer a distribuição exacta da tartaruga indiana (Pawar e Choudhury, 2000; Webb 2003). Adler, 2007, descreveu o desenvolvimento de revisões sistemáticas das tartarugas do mundo. Jensen e Das (2008) efectuaram um levantamento em dois locais em Sarawak: Parque Nacional Loagan Bunut e Balai Ringin. Tanto as tartarugas de carapaça mole como as de carapaça dura eram mais activas durante os períodos nublados. A sazonalidade não pareceu afetar a atividade das tartarugas de carapaça mole, enquanto as tartarugas de carapaça dura estiveram activas 50,0% do tempo durante a monção seca do sudoeste, de junho a setembro. Esta literatura foi seguida por Baruah e Sharma (2010) que publicaram vários artigos sobre a distribuição de quelónios e descreveram algumas espécies do subcontinente indiano. Das et al. (2010 b) também contribuíram com um livro sobre "A descoberta da tartaruga indiana", que fornece informações sobre a biologia, a ecologia e a conservação da herpetofauna para um ponto de vista leigo. O comércio de tartarugas de água doce e de cágados é um dos principais factores que contribuem para o declínio da diversidade e da densidade dos quelónios em todo o mundo, especialmente nos países do Sul e do Sudeste Asiático.

Ravindranath et al. (2011) indicaram que a maioria dos distritos do Nordeste da Índia está sujeita a vulnerabilidade induzida pelo clima, atualmente e num futuro próximo. Este é o primeiro estudo do género que apresenta a classificação dos distritos do Nordeste da Índia com base nos valores do índice de vulnerabilidade. Para proteger os grupos de importância da terra, muitas iniciativas foram contratadas em várias alturas em todo o país.

Bohm et al. (2012) apresentaram a primeira análise global de sempre do risco de extinção em répteis, com base numa amostra representativa aleatória de 1500 espécies (16% de todas as espécies atualmente conhecidas). A proporção de espécies de répteis ameaçadas é mais elevada em ambientes de água doce, regiões tropicais e ilhas oceânicas, enquanto a deficiência de dados foi mais elevada em áreas tropicais, como a África Central e os répteis do Sudeste Asiático. As acções de conservação devem especificamente atenuar os efeitos da perda de habitat induzida pelo homem e da colheita, que são as ameaças predominantes para os répteis. Houve outras tentativas esporádicas de reproduzir espécies em cativeiro no Madras Crocodile Bank Trust, mas estas ainda não se conjugaram com os requisitos de conservação nem garantiram a sobrevivência de toda a população de tartarugas da Índia (Whitaker 2012).

2.2. Revisão específica de todas as espécies de Testudines existentes no leste e nordeste da Índia:

Os principais objectivos eram o "plano de ação para a conservação das tartarugas e cágados indianos ameaçados de extinção" e a definição de prioridades para as áreas importantes para a conservação das tartarugas em toda a Índia. Para coordenar qualquer programa de conservação, é fundamental conhecer a história de vida específica da espécie. As análises por espécie são apresentadas de seguida:

Das e Pritchard (1990) e Dutta (1997) propuseram que *Melanochelys trijuga* é um dos quelónios mais abundantes no subcontinente indiano, com uma distribuição que se estende do Sri Lanka, através da Índia e da Birmânia, até à parte ocidental da Tailândia, embora aparentemente excluindo o Bangladesh. A *Melanochelys trijuga* é basicamente uma tartaruga de lago, e os Ghats Ocidentais parecem separar as gamas de *Melanochelys coronata* e *Melanochelys trijuga,* essencialmente de planície. Das (2009 a) apresentou as observações sobre a história natural, a distribuição, a morfologia, a ecologia e a exploração dos quelónios de água doce e terrestres do Nepal. Incluíram dados sobre dez das onze espécies de quelónios registadas no Nepal e confirmaram a presença anteriormente presumida de *Melanochelys tricarinata* e *Aspideretes hurum*. Documentaram uma extensão da área de distribuição da tartaruga de carapaça larga, *Lissemys punctata*, e forneceram novas informações sobre a história de vida e o crescimento da tartaruga de lago preta, *Melanochelys trijuga*, e da tartaruga tricarinata, *Melanochelys tricarinata*.

Engstrom et al. (2002) referiram que o Sudeste Asiático possui a mais rica diversidade de tartarugas terrestres do mundo, abrangendo mais de 25% das espécies de quelónios do mundo. Atualmente, são consumidos anualmente na Ásia pelo menos 12 a 20 milhões de tartarugas de água doce e cágados. O comércio de tartarugas constitui uma grande parte do comércio transfronteiriço de animais selvagens entre certos países asiáticos. Este comércio parece não estar praticamente regulamentado. Pritchard, em 2000, esclareceu finalmente o pesadelo taxonómico e determinou que *o Indotestudo forstenii* era, de facto, uma espécie distinta e não, como Crumly (1984) sugeriu anteriormente, o resultado de um transplante de *Indotestudo travancorica* da Índia. Tobe et al. (2009) examinaram estes clados com base na variação em 1094 bp do gene mitocondrial *cytb*, e descobriram que *Indotestudo travancorica*, a espécie em questão aqui, foi encontrada mais intimamente relacionada com *Indotestudo elongata*. A análise não oferece apoio à hipótese de que as populações indonésias de Indotestudo *forstenii* representam introduções de *Indotestudo travancorica* da Índia. Assim, justifica-se o reconhecimento de três espécies nominais (*Indotestudo elongata, Indotestudo forstenii* e *Indotestudo travancorica*) no género.

Das e Bhupathy (2009 a) descreveram que a tartaruga-de-coroa, *Hardella thurjii*, é uma tartaruga de água doce de grandes dimensões, largamente confinada às águas lênticas do subcontinente indiano. A espécie apresenta um dimorfismo sexual extremo, com as fêmeas a atingirem um comprimento três vezes superior ao dos machos. Entre os factores que se suspeita terem tornado a tartaruga rara em localidades onde outrora era comum, contam-se a exploração intensiva da sua carne e os extensos projectos de desenvolvimento de zonas húmidas, embora existam alguns indícios de que a espécie é difícil de observar na natureza. Das (2009 b) descreveu que a tartaruga tricarinata, *Melanochelys tricarinata*, é uma pequena tartaruga inteiramente terrestre das florestas decíduas e sempre-verdes e dos prados ribeirinhos do norte do subcontinente indiano. A espécie parece ser rara e é pouco conhecida. Das e Singh (2009) descreveram a tartaruga de carapaça mole de cabeça estreita, *Chitra indica*, uma espécie extremamente grande e altamente aquática. Está amplamente distribuída no subcontinente indiano. A dimensão das populações é desconhecida, mas a espécie parece estar ameaçada pela exploração humana e pela modificação do seu habitat ribeirinho.

Das e Bhupathy (2009 b) descreveram que a tartaruga preta indiana, *Melanochelys trijuga*, é uma espécie de tamanho médio, principalmente de águas paradas do norte, NE e Índia peninsular. Atualmente, são reconhecidas seis subespécies. A tartaruga foi introduzida nalgumas das ilhas do Oceano Índico ocidental por marinheiros. A espécie, embora não corra perigo imediato na Índia, é explorada em número desconhecido para fins alimentares, tendo sido registados declínios populacionais no Sri Lanka. Das e Bhupathy (2010) relataram que a tartaruga-de-lagoa-malhada, *Geoclemys hamiltonii*, é uma tartaruga de água doce de tamanho médio de corpos de água lênticos do norte e do nordeste do subcontinente indiano. Foi relatado que a espécie está a diminuir rapidamente no Bangladesh, mas as populações em algumas áreas protegidas na Índia são aparentemente relativamente abundantes. Das (2010 a, b) referiu que a tartaruga de olhos indianos, *Morenia petersi*, é uma pequena tartaruga de água doce com uma distribuição bastante restrita no norte, leste e nordeste da Índia, sul do Nepal e Bangladesh. Das et al. (2009, 2010 a) referiram que a tartaruga de telhado de Assam, *Pangshura sylhetensis*, é uma pequena tartaruga de água doce. Ocorre principalmente em águas correntes nas colinas do nordeste da Índia e no nordeste e sudeste do Bangladesh, onde parece ser rara e localizada. Das et al. (2010 a, b) descreveram que a tartaruga-de-pavão indiana, *Nilssonia hurum*, é uma espécie ribeirinha de grande porte relativamente abundante que se encontra em rios e reservatórios. Distribui-se pelo Paquistão oriental, pelo norte e centro da Índia, pelo Bangladesh e pelo Nepal. A espécie é muito explorada pela sua carne e calipígia em todo o Nordeste e Leste da Índia e no Bangladesh.

Binying et al. (2011) abordaram a questão social da conservação e visaram as ameaças que esta enfrenta. Além disso, muitos são cépticos quanto à eficácia da conservação local da água doce. A falta de sensibilização do público para o cágado resultou na sua trivialidade, e as nossas soluções visam ajudar, aumentando a sensibilização para as espécies nativas e permitindo que as pessoas tenham uma ligação pessoal com o cágado. Schoppe e Das (2011) descreveram que a tartaruga-de-caixa do Sudeste Asiático, *Cuora amboinensis*, é uma pequena tartaruga semi-aquática, em grande parte restrita a massas de água parada do Sudeste Asiático, desde o leste da Índia até à Indonésia e às Filipinas. Tem quatro subespécies atualmente reconhecidas: *Cuora amboinensis amboinensis*, *Cuora amboinensis coura*, *Cuora amboinensis kamaroma* e *Cuora amboinensis lineate*. A espécie está atualmente listada como vulnerável pela Lista Vermelha da IUCN devido à sua forte exploração para o comércio internacional de alimentos, animais de estimação e medicamentos, e está também incluída no Apêndice II da CITES (UNEP-WCMC 2012). Fritz e Havas (2007), Baruah e Sharma (2010) e Praschag e Gemel (2002) relataram a presença de *Nilssonia nigricans* numa lagoa do Bangladesh.

Das e Gupta (2011) descreveram a ocorrência na Índia de oito espécies de tartarugas pertencentes à família Trionychidae (Reptilia: Chelonia), incluindo *Nilssonia gangetica, Nilssonia hurum, Nilssonia leithii, Nilssonia nigricans, Chitra indica, Amyda cartilaginea, Pelochelys cantorii* e *Lissemys punctata* (duas subespécies - punctata e andersonii). Todas as espécies, com exceção de *Nilssonia leithii* e *Pelochelys cantorii,* foram registadas em partes de Assam, Meghalaya e Mizoram no NE da Índia. No entanto, a maior parte dos registos provém das planícies de Brahmaputra de Assam e das zonas adjacentes do Himalaia inferior oriental, de partes de Meghalaya e de Mizoram.

O Turtle Taxonomy Working Group (2012) comunicou que cinco espécies de tartarugas, *Cuora amboinensis, Cuora mouhotii, Cyclemys gemeli, Melanochelys tricarinata* e *Indotestudo elongata,* foram registadas pela primeira vez no Reino do Butão, nos Himalaias. O registo de *Cuora mouhotii* representa uma extensão significativa da área de distribuição para oeste; o de *Cuora amboinensis* representa uma extensão da área de distribuição através de uma fronteira política a partir da mesma paisagem no NE da Índia adjacente; e os de *Cuora gemeli,* Melanochelys *tricarinata* e *Indotestudo elongata* preenchem lacunas geográficas nas suas distribuições conhecidas. Das et al. (2012 a) listaram um total de 10 espécies de anfíbios e 42 espécies de répteis da área. Para além de registar membros de complexos de espécies atualmente reconhecidos, o estudo também documenta espécies que foram atribuídas a espécies estreitamente relacionadas ou cuja identidade ainda não foi determinada. Deepak et al. (2011) e Whitaker (2012) referiram que a maioria dos quelónios ameaçados ocorre na Ásia, incluindo os dois quelónios endémicos, *Indotestudo travancorica* e o *Vijayachelys silvatica* simpátrico na região dos Ghats Ocidentais. As relações filogenéticas entre as três espécies de Indotestudo, forstenii, elongata e travancorica, têm estado em constante mudança. Pritchard (2000) e Ives (2006) também descreveram *Indotestudo forstenii* de Sulawesi e Halmahera, como uma espécie distinta não relacionada com *Indotestudo travancorica* e *Indotestudo elongata,* refutando a informação de que *Indotestudo forstenii* foi introduzido da Índia para a Indonésia. Schaffer e Morgan (2002) propuseram as duas subespécies da espécie *Manouria emys* e apontaram a sua intergradação no Sudeste Asiático.

2.3. Moléculas para decifrar a investigação sistemática e evolutiva dos Testudines:

Avise et al. (1992), Meylan (1987) e Shaffer et al. (1997) sugeriram um abrandamento da taxa microevolutiva média do mtDNA das tartarugas. Em cada uma das seis espécies de Testudines, as estimativas de divergência de sequências derivadas de ensaios de restrição são consistentemente inferiores às expectativas baseadas quer nas datas de barreiras geográficas específicas às quais parecem estar associados clados genéticos significativos de mtDNA, quer nas magnitudes de divergência de sequências entre clados de mtDNA em espécies que não são tartarugas e que, de outro modo, apresentam uma concordância filogeográfica notável com as partições genéticas das tartarugas. Bowen et al. (1993) examinaram as sequências de nucleótidos do gene *cytb* do mtDNA para resolver controvérsias filogenéticas e avaliar as taxas de evolução molecular da tartaruga marinha (Chelonioidea) e partilharam constantemente com a comunidade científica as abordagens filogenéticas moleculares da tartaruga e do cágado.

Gaffney e Meylan (1988) e Caspers et al. (1996) reavaliaram as relações filogenéticas entre os principais grupos de vertebrados amniotas que continuam a ser objeto de controvérsia. Para descobrir a posição filogenética da tartaruga em relação aos mamíferos e às aves, determinaram sequências de cDNA para as proteínas da lente ocular da tartaruga de orelhas vermelhas (*Trachemys scripta elegans*). Todas as sequências foram analisadas por três métodos de reconstrução de árvores filogenéticas (Neighbour- Joining, Maximum Parsimony e Maximum Likelihood). Kitimasak et al. (2005) estudaram a filogeografia global da tartaruga marinha ridley e a filogeografia molecular comparativa da tartaruga softshell da América do Norte (Apalone): implicações para as forças evolutivas históricas regionais e de grande escala.

Zardoya e Meyer (1998) notaram que, apesar de mais de um século de debate, a posição evolutiva da tartaruga (Testudines) em relação a outros amniotas (répteis, aves e mamíferos) permanece incerta. Para responder a esta questão, foi determinada a sequência completa do genoma mitocondrial da tartaruga africana de pescoço lateral (*Pelomedusa subrufa*). As análises filogenéticas das sequências completas do genoma mitocondrial apoiaram a colocação da tartaruga como grupo irmão de um clado de jacarés e galinhas (Archosauria).

Zardoya e Meyer (2001) determinaram a sequência de nucleótidos da região de controlo mitocondrial da tartaruga africana de pescoço lateral e dos genes *tRNA* que a acompanham. Foram identificados vários motivos conservados envolvidos na regulação do processo de replicação do genoma mitocondrial, incluindo um bloco de sequência conservado (CSB1) e três sequências associadas à terminação. A utilidade potencial desta sequência de microssatélites para estudos a nível populacional é reforçada pela sua localização única na molécula mitocondrial herdada da mãe (Vamberger et al. 2011). Walker et al. (1998) geraram e utilizaram dados de sequências do mtDNA para abordar a distinção filogenética e a posição filogenética de *Sternotherus depressus*, a tartaruga almiscarada achatada, em relação a todas as outras tartarugas almiscaradas e de lama na América do Norte e também sugeriram que estas espécies formam um grupo monofilético bem suportado, separado de *Sternotherus minor*.

Caccone et al. (1999) relataram uma reconstrução filogenética baseada em sequências de mtDNA da tartaruga de Galápagos e Geochelone da América do Sul continental e África. A separação entre *Geochelone chilensis* e a linhagem das Galápagos ocorreu provavelmente há 6 a 12 milhões de anos, antes da origem da mais antiga ilha existente das Galápagos. Eles têm sequências idênticas ao George Solitário, consistente com o facto de ele ser o último sobrevivente da sua subespécie. Gaffney (1975 b) e Rieppel e Reisz (1999) relataram que um reexame crítico das relações entre as tartarugas continua a apoiar uma relação de grupo-irmão da tartaruga com um clado de répteis marinhos, Sauropterygia, dentro do grupo de coroa Diapsida (Sauria). O elevado índice de homoplasia suscita preocupações quanto ao conteúdo da informação filogenética de vários caracteres morfológicos em análises filogenéticas de larga escala.

Weisrock e Janzen (2000) utilizaram uma análise comparativa de sequências parciais de *cytb* para avaliar as forças evolutivas que moldam os padrões filogeográficos em grande escala das três tartarugas softshell da América do Norte (*Apalone ferox*, *Apalone mutica* e *Apalone spinifera*). Os padrões filogeográficos globais são concordantes com os resultados de estudos regionais alargados de espécies do sudeste, implicando processos históricos variantes durante o *Plioceno* e *o Pleistoceno*, e de investigações de espécies distribuídas mais a norte, indicando um efeito de estrangulamento da dispersão recente em habitat pós-glaciar. A extensa estrutura filogenética e as divergências de sequência em *Apalone mutica* e *Apalone spinifera* contrastam fortemente com a maioria dos estudos anteriores de tartarugas e com a hipótese de que as tartarugas em geral têm taxas lentas de evolução do mtDNA. Rieppel (2000) revisou as evidências de caracteres neontológicos para as relações entre as tartarugas e mostra que a maioria, mas não todos, desses caracteres são inválidos na reconstrução das relações entre as tartarugas dentro de Amniota.

Hedges e Poling (1999) e Cao et al. (2000) sugeriram que as tartarugas estão intimamente relacionadas com os arcossauros (aves + crocodilianos), e uma árvore em que as tartarugas são basais para outros amniotas foi rejeitada com elevada significância estatística. Por conseguinte, reanalisaram os seus dados utilizando o método da máxima verosimilhança e avaliaram a evidência total das análises dos conjuntos de dados mitocondriais e nucleares. McCord et al. (2000) colocaram *Geoemyda yuwonoi* num novo género monotípico, Leucocephalon, que se distingue pelo seu contacto maxilar e ausência de dobradiça plastral.

Zardoya e Meyer (2001) relataram que estudos morfológicos e moleculares recentes mudaram radicalmente a nossa visão das relações filogenéticas dos amniotas, e estão a acumular-se provas que apoiam as afinidades diapsídicas da tartaruga. A aceitação destas hipóteses implica que as tartarugas já não podem ser vistas como répteis primitivos e que podem ter perdido os buracos temporais no crânio secundariamente, em vez de nunca os terem tido. Os autores propuseram que, para identificar a origem natal dos imaturos da tartaruga-cabeçuda (*Caretta caretta*), se utilizasse a análise de stocks mistos de máxima verosimilhança. Estas observações sugerem que a dispersão das tartarugas-comuns para habitats bentónicos de desenvolvimento a partir do ambiente pelágico não é aleatória.

Feldman e Parham (2001) e Engstromn et al. 2002 propuseram que a intensa exploração de tartarugas nos mercados asiáticos contribuiu para o declínio das populações de tartarugas em todo o continente. Os indivíduos da Tailândia foram descritos como uma espécie separada, *Chitra chitra*, mas tal não foi universalmente aceite e muitas fontes consideram *Chitra* monotípica. A análise filogenética dos dados de sequência do gene mitocondrial *ND4* revelou três linhagens monofiléticas profundamente divergentes dentro de Chitra: *Chitra indica*, *Chitra chitra*, e uma terceira forma não nomeada de Myanmar. McCord e Pritchard (2002) apresentaram uma revisão taxonómica do género de tartarugas trioniquídeas Chitra, na qual descrevem uma nova espécie (*Chitra vandijki*) de Myanmar, nomeiam duas subespécies dentro de *Chitra chitra* e consideram *Chitra indica* monotípica em toda a sua vasta área de distribuição, do Paquistão ao Bangladesh.

Engstrom e McCord (2002) propuseram que os dados da sequência de ADN do gene mitocondrial *ND4*, que apoiam as suas conclusões taxonómicas. Existe uma profunda divergência molecular entre as três espécies de Chitra reconhecidas e um baixo nível de variação geograficamente estruturada na *Chitra chitra*, que corresponde a subespécies continentais e insulares. Em contrapartida, *a Chitra indica* quase não apresenta variação molecular na sua vasta área de distribuição, do Paquistão ao Bangladesh. Feldman e Parham (2002) examinaram as relações evolutivas da tartaruga emydine utilizando 2092 pb de ADN que codifica os genes mitocondriais *cytb*, *ND4* e *tRNAs* adjacentes. Com base nesta filogenia e em trabalhos moleculares anteriores sobre o grupo, sugeriram as seguintes revisões taxonómicas. Além disso, as análises mostram que nem os emydines de carapaça cinética nem os de carapaça acinética formam grupos monofiléticos.

Schwartz et al. (2003) descreveram o desenvolvimento de nove loci de microssatélites da tartaruga gopher e concluíram que estes loci são altamente variáveis e, por conseguinte, susceptíveis de serem aplicados na análise de parentesco e a nível populacional de *Gopherus polyphemus*. Barth et al. (2004), Fritz et al. (2005) compararam 1036 pb do gene mitocondrial *cytb* de todas as seis espécies de Mauremys com 16 outros taxa, representando ambas as subfamílias atualmente reconhecidas dos Geoemydidae (Geoemydinae e Batagurinae) para contribuir com um conjunto de dados abrangente para a resolução do conflito taxonómico e filogeográfico de Mauremys. Os resultados contradizem este esquema zoogeográfico tradicional e a atual taxonomia dos Geoemydidae.

Beheregaray et al. (2004) elucidaram a história da diversificação da tartaruga-gigante-das-Galápagos utilizando sequências de mtDNA de 802 indivíduos que representam todas as populações existentes conhecidas. A tartaruga gigante das Galápagos, ameaçada de extinção, representa uma rápida radiação alopátrica e exemplifica ainda mais os processos evolutivos num dos maiores laboratórios naturais de evolução do mundo. Stuart e Parham (2004), Spinks et al. (2004), Spinks e Shaffer (2006, 2007), Spinks et al. (2009) e Stephens e Wiens (2003, 2009) propuseram as hipóteses filogenéticas para a família de tartarugas Geoemydidae e focaram as introgressões mitocondriais, numts e suas inferências a partir de múltiplos loci nucleares.

Engstrom et al. (2004) apresentaram uma hipótese filogenética e uma nova classificação, sem escalões, para todas as 24 espécies existentes de tartarugas de carapaça mole (Testudines: Trionychidae). O conjunto combinado de dados do genoma nuclear e mitocondrial forneceu uma cobertura taxonómica completa para este clado de tartarugas distribuído globalmente, o que está de acordo com muitos aspectos da sistemática tradicional das tartarugas de carapaça mole, incluindo a monofilia dos Cyclanorbinae e Trionychinae. Fujita et al. (2004) propuseram que, os intrões ganharam uma popularidade considerável como marcadores para a filogenética molecular. A máxima parcimónia e a máxima verosimilhança demonstraram o polifiletismo de Trionychoidea e o monofiletismo recíproco da tartaruga queloide da Austrália/Nova Guiné e da América do Sul. Este é o primeiro estudo a resolver estas relações com forte apoio estatístico e sugeriu que *o R35* é muito promissor para resolver outros problemas persistentes na filogenia das tartarugas vivas. Os autores centraram-se na sistemática da tartaruga e do cágado utilizando abordagens de filogenia molecular. A sistemática existente das espécies de tartarugas de carapaça mole é então reconstruída e agrupada sob novas tribos.

Kitimasak et al. (2005) propuseram que se investigasse a área de distribuição e a situação das espécies de Chitra na Tailândia. Até à data, *a espécie Chitra chitra* só é conhecida dos sistemas fluviais Mae Klong e Chao Phraya. Outra espécie, *Chitra vandijki,* foi registada no sistema do rio Salween, situado ao longo da fronteira Tailândia-Mianmar (McCord e Pritchard 2002). Atualmente, a espécie Chitra é muito rara em todo o lado e a população natural parece estar a diminuir. Krenz et al. (2005) sequenciaram >90% do *RAG-1* para 24 espécies representativas de todas as famílias de tartarugas modernas. *O RAG-1* apresentou uma saturação negligenciável e um viés de composição de bases, e uma extensa homogeneidade de composição de bases. Esta investigação realça a utilidade dos dados moleculares na identificação de questões de homologia de caracteres em conjuntos de dados morfológicos, ao mesmo tempo que lança uma luz valiosa sobre a biodiversidade de um táxon globalmente ameaçado.

Parham et al. (2006 a, b) relataram as sequências completas do genoma mitocondrial de 10 espécies e uma sequência de 14 kb de uma décima primeira espécie, como parte de um projeto em curso para gerar uma base de dados mitocondrial para tartarugas terrestres com base em espécimes de museu. São relatadas duas características genómicas invulgares para o mtDNA de uma tartaruga *Mantidactylus tornieri*. Os autores propuseram que a tartaruga de coxa larga (*Testudo graeca*) se dividiu recentemente num complexo de espécies. Sequenciaram um marcador mitocondrial de evolução rápida para 30 espécimes de *Testudo graeca* de localidades ligadas aos nomes baseados na morfologia recentemente propostos no Médio Oriente. Recomendam vivamente que futuros estudos sistemáticos se esforcem por comparar diferentes tipos de dados para evitar alterações taxonómicas enganadoras. Le et al. (2006) incluíram 32 espécies de Testudinídeos (todos os géneros e subgéneros) e todas as espécies de Geochelone, representando 65% da diversidade total de espécies da família), e dados de ADN mitocondrial (*12S rRNA, 16S rRNA* e *cytb*) e nuclear (*Cmos* e *Rag2*) com um total de 3387 caracteres alinhados. Com base nas nossas descobertas sistemáticas, propuseram também modificações relativamente à taxonomia dos Testudinidae.

Peng et al. (2005) propuseram que o genoma mitocondrial da tartaruga chinesa de cabeça grande, *Platysternon megacephalum*, fosse obtido utilizando a reação em cadeia da polimerase (PCR). A sequência completa do ADNmt, o mais longo genoma mitocondrial de tartaruga registado até à data, é de 19161 pb. Este genoma mitocondrial apresenta uma nova ordem de genes, que difere muito da de qualquer outro vertebrado. Parham et al. (2006 a, b) e Fritz et al. (2006) propuseram que o estudo determina de forma robusta a posição filogenética de Platysternon e fornece um esboço bem resolvido das principais linhagens de tartarugas, ao mesmo tempo que demonstra o poder de resolução significativamente maior da comparação de grandes quantidades de sequência de mtDNA em relação à de fragmentos curtos. As regiões de controlo duplicadas e os rearranjos genéticos do mtDNA de Platysternon resultaram provavelmente da duplicação de parte do genoma e da subsequente perda de genes redundantes. Praschag et al. (2006) descreveram que a posição sistemática da rara tartaruga indiana *Geoemyda silvatica* foi examinada através de uma análise filogenética dos dados de sequência do mtDNA (gene *cytb*) da maioria das espécies de *Geoemydidae* anteriores. De acordo com a análise Bayesiana dos dados do mtDNA, *Melanochelys trijuga* poderia estar distantemente relacionada com *Vijayachelys* silvatica, enquanto a semelhança morfológica das outras espécies resulta provavelmente de um modo de vida semelhante.

Engstrom et al. (2007) propuseram que os marcadores moleculares provaram ser uma ferramenta poderosa para a investigação sobre tartarugas. Também apresentaram primers para 11 genes nucleares codificantes e intrões e, finalmente, forneceram a sequência de primers, o tamanho do amplicon e o número de alelos observados para 181 loci de microssatélites de todos os principais clados de tartarugas vivas. Jing et al. (2007) estabeleceram uma filogenia molecular, com um fragmento de 1725 pb de ADN mitocondrial, utilizando amostras de três indivíduos vivos de *Cuora yunnanensis*, e concluíram que os três indivíduos recém-descobertos e o antigo espécime de museu de *Cuora yunnanensis* são muito semelhantes tanto na morfologia como na sequência de ADN mitocondrial, pelo que a espécie não está extinta. A análise filogenética também demonstra que *Cuora yunnanensis* não é de origem híbrida recente, mas representa uma linhagem evolutiva distinta.

Williams e Osentoski (2007) e Fritz et al. 2008 analisaram as questões genéticas que devem ser consideradas ao estabelecer colónias de reprodução em cativeiro de tartarugas e cágados para eventual reintrodução ou suplementação da população. Gjedrem e Baranski (2009) discutiram a forma como os métodos moleculares e os conceitos de unidades evolutivamente significativas (ESU) podem ser utilizados para definir unidades de reprodução para colónias de reprodução em cativeiro e determinar a sua origem geográfica para reintrodução. Fong et al. (2007) efectuaram um estudo da variação do ADN mitocondrial e nuclear do complexo *Mauremys mutica*, um clado de tartarugas asiáticas muito explorado que contém a *Mauremys mutica, ameaçada de extinção,* e a *Mauremys annamensis*, criticamente ameaçada. Haitao et al. (2007) e Zhang et al. (2008) propuseram que a tartaruga-de-folha-preta, *Cyclemys atripons,* é uma espécie pouco conhecida dentro do género Cyclemys. Eles determinaram a sequência completa de nucleotídeos do genoma mitocondrial (mtDNA) de *Cyclemys atripons* e descobriram que ele tem 16.500 pares de bases, com a organização do genoma, a ordem dos genes e a composição de bases idênticas às do vertebrado típico. Comparações com três outros Geoemydids mostraram que a região de controlo de *Cyclemys atripons* continha uma região altamente variável na extremidade 3" composta por repetições em tandem enriquecidas com AT contendo um número variável de repetições em tandem (*VNTRs*) de quinze unidades.

Hsieh et al. (2008) relataram a identificação de carapaças de tartarugas fragmentadas pelo gene *cytb* e Vargas-Ramirez et al. (2008) relataram que as oito espécies existentes de Podocnemidid são os últimos sobreviventes de um grupo antigo de tartarugas que se sabe existir desde o Cretáceo. As relações filogenéticas de todas as espécies existentes foram reconstruídas a partir de seis fragmentos de ADN mitocondrial e seis fragmentos de ADN nuclear em análises separadas e combinadas. As espécies existentes de Podocnemis evoluíram entre o *Eoceno* Superior e o *Mioceno* Médio, durante uma fase caracterizada por um arrefecimento global dramático e uma elevação maciça dos Andes. Sterli (2008), aqui apresentado, lança nova luz sobre a evolução inicial das tartarugas. Uma análise cladística actualizada da tartaruga mostra que as tartarugas fósseis não são tartarugas-coroa, mas tartarugas-tronco. Esta análise cladística também mostra que as tartarugas-tronco eram mais diversas do que se pensava anteriormente e que, até ao *Jurássico* Médio e Superior, existiam tartarugas sem o mecanismo moderno de fecho da mandíbula.

Poulakakis et al. (2008) usaram dados de mtDNA e microssatélites obtidos de espécimes de museu para mostrar que a população de Floreana era evolutivamente distinta de todas as outras populações de tartarugas das Galápagos. Surpreendentemente, eles descobriram que essas "populações não

As tartarugas "nativas" de Isabela são de ascendência recente de Floreana e correspondem de perto aos dados genéticos fornecidos pelos espécimes do museu. Le et al. (2006, 2007) descreveram uma nova tartaruga com 220 milhões de anos da China, um pouco mais antiga do que Proganochelys, que documenta um passo intermédio na evolução da carapaça e estruturas associadas. A análise filogenética coloca a nova espécie na base de todas as tartarugas conhecidas, fósseis e existentes. Os depósitos marinhos que produziram os fósseis indicam que esta tartaruga primitiva habitava zonas marginais do mar ou deltas de rios. Ives et al. (2008) examinaram a variação morfológica e genética para determinar se a escama nucal está correlacionada com o tamanho ou com a divergência genética. Os resultados indicaram uma forte correlação entre o tamanho e a escama nucal, de tal forma que as tartarugas sem escama nucal eram maiores do que as que possuíam escama nucal. No entanto, também não encontraram nenhuma correlação entre a divergência genética e a presença/ausência de escamas nucais e, portanto, nenhuma evidência de linhagens geneticamente diferenciadas.

Parham e Irmis (2008) e Reisz e Head (2008) descreveram que durante o *Triássico* Superior, há cerca de 220 milhões de anos, uma tartaruga primitiva com cerca de 40 centímetros de comprimento foi preservada em depósitos sedimentares no que é atualmente o sudoeste da

China. Estes fósseis são exemplos de uma nova espécie de tartaruga muito primitiva, denominada *Odontochelys semitestacea*, e que irá alterar as ideias sobre as origens das tartarugas e a evolução do seu impressionante plano corporal. Zhang et al. (2008) propuseram a determinação do genoma mitocondrial completo da tartaruga-de-caixa (*Pyxidea mouhotii*). No entanto, os resultados apoiaram fortemente que 1) *Pyxidea mouhotii* e *Cuora aurocapitata* formavam um clado monofilético, enquanto *Cyclemys atripons* não estava mais próximo de Pyxidea-Cuora do que de *Chinemys reevesii*, sugerindo que Cyclemys e o grupo Cuora (que contém Pyxidea) podem ter tido origem em dois antepassados; 2) os Geoemydidae com Testudinidae eram um grupo irmão e não com os Emydidae. Naro-Maciel et al. (2008) centraram-se no marcador molecular para a identificação de espécies de tartarugas e descreveram as relações evolutivas das tartarugas: A molecular phylogeny based on nuclear and mitochondrial genes. Parham (2008) redescobriu a extinta tartaruga das Galápagos.

Alacs et al. (2009 a) propuseram a utilização de dados e conceitos genéticos no desenvolvimento de estratégias de conservação para as tartarugas. Por fim, discutem brevemente o Phylocode e o DNA barcoding como exemplos das novas direcções em que a taxonomia pode estar a avançar. Werneburg e Sanchez-Villagra (2009) descreveram que o momento dos eventos na organogénese de diversos complexos de caracteres em todas as regiões do corpo não é uniforme nos amniotas e pode ser analisado utilizando um método baseado na parcimónia. Mudanças no tempo relativo de determinados eventos diagnosticam muitos clados de amniotas e incluem um sinal filogenético. O sinal claro de uma posição basal da tartaruga fornecido pelos dados heterocrónicos implica uma convergência significativa nos caracteres moleculares, morfológicos dos adultos ou de tempo de desenvolvimento, uma vez que apenas uma das soluções alternativas para o enigma filogenético pode estar correcta. Das e singh (2009) propuseram que a tartaruga de carapaça mole de cabeça estreita, *Chitra indica,* é uma espécie extremamente grande e altamente aquática. Está amplamente distribuída no subcontinente indiano.

Praschag et al. (2009) descreveram a morfologia externa e o habitat de *Cyclemys gemeli*, uma espécie de tartaruga de folha recentemente descoberta no nordeste da Índia. Além disso, avaliaram a posição filogenética de *Cyclemys gemeli* utilizando o gene mitocondrial *cytb e* fragmentos de ADN nuclear. Spinks e Shaffer (2009) descreveram que a análise filogenética calibrada pelo tempo pode fornecer informações básicas sobre o tempo de evolução das tartarugas e a análise filogenética molecular confirmou que a maioria das famílias é comprovadamente monofilética, assim como *Cryptodira* e *Pleurodira*. Demonstra também que muitos dos clados mais ameaçados têm mais de 100 milhões de anos e são representados por uma ou poucas espécies, enquanto as famílias mais ricas em espécies tendem a ser relativamente jovens. Wiens et al. (2010) mostraram uma discordância generalizada entre as filogenias baseadas no ADNmt e no ADN nuclear numa análise filogenética da família das tartarugas Emydidae. Os resultados globais ilustraram os perigos potenciais de fazer inferências sobre filogenia, especiação, tempos de divergência e conservação apenas com base em dados de ADNmt e sugerem os benefícios da utilização de um grande número de loci nucleares não ligados. Chandler e Janzen (2009) aumentaram os conjuntos de dados genéticos existentes com sequências de nucleótidos de *RAG-1*, *R35* e do gene nuclear para abordar as relações filogenéticas dos Chelydridae. Os resultados apoiam uma relação de grupo irmão entre Chelydridae e os clados Kinosternoidea (Kinosternidae + Dermatemydidae) ou Chelonioidea (Cheloniidae + Dermochelyidae).

Baruah e Sharma (2010) propuseram que, até à data, fossem registadas 23 espécies de tartarugas na região NE da Índia, pertencentes a 3 famílias, nomeadamente Geoemydidae (15 espécies), Trionychidae (6 espécies) e Testudinidae (2 espécies). Das 23 espécies encontradas nas regiões NE, 6 espécies, nomeadamente *Pangshura sylhetensis*, *Pyxidea mouhotii*, *Nilssonia nigricans*, *Chitra indicia*, *Manouria emys* e *Indotestudo elongata*, estão listadas pela IUCN como as espécies mais ameaçadas da Ásia. *A Chitra indica* faz parte da nova lista das 25 espécies de tartarugas mais ameaçadas do mundo. Outra contribuição significativa foi uma revisão taxonómica da tartaruga de carapaça mole do género *Chitra*, com a descrição de novos taxa de Myanmar e da Indonésia (Java).

Barley et al. (2010) utilizaram 14 loci nucleares para analisar em profundidade vários destes nós problemáticos e inferir as relações sistemáticas entre 11 das 14 famílias de tartarugas. Também recuperam um forte apoio para uma relação de irmandade entre os Emydidae e a tartaruga monotípica de cabeça grande, *Platysternon megacephalum*. Encontram também um forte apoio a um clado constituído por tartarugas marinhas, tartarugas de lama e almiscaradas e tartarugas de caranguejo. Os resultados sublinham a utilidade de conjuntos de dados de múltiplos locus em análises filogenéticas de problemas difíceis.

A contribuição de Sterli (2010) centra-se no primeiro problema, explorando as relações filogenéticas das tartarugas existentes e extintas com base no conjunto de dados filogenéticos mais abrangente de dados morfológicos e moleculares analisados até à data. Este cenário evolutivo de uma rápida diversificação da tartaruga moderna nas principais linhagens modernas é provavelmente a razão para a dificuldade em determinar as inter-relações e a posição da raiz do grupo das tartarugas de coroa. Fritz et al. (2011) sugeriram que o género

Pelomedusa, estreitamente relacionado, mas morfologicamente distinto, é parafilético em relação a Pelusios e que Pelomedusa consiste em nove linhagens profundamente divergentes. Utilizando três fragmentos de ADN mitocondrial e três fragmentos de ADN nuclear, examinaram pela primeira vez a filogenia de Pelusios por meios moleculares.

Al-Mohanna e George (2010) sugeriram que as análises da árvore de união de vizinhança com sequências disponíveis no GenBank mostraram que tinha uma relação próxima com as das colónias do Atlântico. Para a tartaruga cabeçuda adulta das colónias atlânticas que efectuam migrações de longa distância, a extensão sul de África pode ser menos formidável como barreira continental à sua passagem para o Oceano Índico e, subsequentemente, para a zona da Arábia, devido à sua distribuição temperada. Wang et al. (2011) sugeriram que a sequência completa do mtDNA proporciona uma melhor resolução na delimitação das espécies de Testudines. Angielczyk et al. (2011) avaliaram as contribuições da função, da filogenia e do habitat para os padrões de variação da forma do plastrão na tartaruga emydine. Avaliaram o ajuste de vários modelos evolutivos aos dados de forma para investigar a paisagem selectiva responsável pelos padrões morfológicos observados.

van Dijk et al. (2000) propuseram uma lista de verificação anotada de todos os taxa reconhecidos e nomeados da fauna moderna de quelónios do mundo, documentando alterações recentes e controvérsias na nomenclatura, e incluindo todos os sinónimos primários, actualizados a partir de quatro listas de verificação anteriores (Turtle Taxonomy Working Group 2011, 2012). A diversidade de tartarugas e cágados no mundo que existiu nos tempos modernos, e que atualmente é geralmente reconhecida como distinta e incluída nesta lista de controlo, consiste agora em 331 espécies. As tartarugas encontram-se entre os mais ameaçados dos principais grupos de vertebrados, ultrapassando as aves, os mamíferos, os peixes cartilagíneos ou ósseos e os anfíbios. Praschag et al. (2007 b), Praschag et al. (2011) e Hedges (2012) descreveram que a posição da tartaruga entre os amniotas permanece em disputa, com comparações morfológicas e moleculares dando resultados diferentes. Os estudos moleculares não vacilaram com o aumento do número de genes e de espécies, mas os morfologistas têm-se mostrado relutantes em adotar a árvore molecular.

Fong et al. (2012) compilaram um grande conjunto de dados de *cDNA/ EST* para vertebrados (75 genes) para abordar estas questões pendentes. As análises filogenéticas específicas dos genes revelaram uma grande variação na topologia preferida, resultando em conclusões topologicamente ambíguas do conjunto de dados combinado. Após a remoção de sítios putativamente tendenciosos, surgiu o suporte para uma relação de irmandade entre a tartaruga e os crocodilianos ou os arcossauros, bem como para uma relação de irmandade entre a salamandra ceciliana e Lissamphibia, com Lissamphibia potencialmente parafilético.

Drosopoulou et al. (2012) apresentaram a sequência completa do genoma mitocondrial da *Caretta caretta, que é* aqui apresentada. O genoma compreende 16.440 pares de bases, contendo 37 genes (13 genes codificadores de proteínas, 22 genes *tRNA*, e 2 genes *rRNA*), e uma região de controlo, todos organizados de forma semelhante à maioria dos mitogenomas de vertebrados. Além disso, são consideradas análises filogenéticas entre Testudines com base em mitogenomas completos, bem como entre tartarugas marinhas com base em sequências parciais de mtDNA.

Parham et al. (2012, 2013) investigaram um grupo de tartarugas de água doce (Trachemys) de uma parte da sua área de distribuição onde se supõe que tenha sofrido eventos de reticulação resultantes de processos naturais e antropogénicos. Por fim, testaram o impacto dos alelos introgredidos utilizando a coalescência multiespecífica num quadro bayesiano e mostraram que os estudos que não apresentam sequências de heterozigotos de indivíduos híbridos podem recuperar a árvore de espécies correcta, mas o apoio global aos clados que incluem indivíduos híbridos pode ser reduzido. Liebing et al. (2012) e Lyson (2013) aplicaram um novo conjunto de dados moleculares, a presença versus ausência de microRNAs específicos, ao problema da posição filogenética da tartaruga e da raiz da árvore dos répteis, e descobriram que este conjunto de dados apoia inequivocamente uma tartaruga no grupo dos lepidossauros. Verificam que a tartaruga e os lagartos partilham quatro famílias únicas de genes *de miRNA* que não se encontram em nenhum outro genoma de organismos ou biblioteca de pequenos RNA, e que não se encontram *miRNAs* em todos os diapsídeos mas não na tartaruga, ou na tartaruga e nos arcossauros mas não nos lagartos.

2.4. DNA Barcoding versus Testudines e sua aplicação em diversas abordagens:

Em Hebert et al. (2003 a), da Universidade de Guelph, Ontário, Canadá, estabeleceram pela primeira vez que o gene mitocondrial COI pode servir como núcleo de um sistema global de bio-identificação de animais, discriminando 200 espécies de Lepidotérios estreitamente associadas, e propuseram a compilação de uma biblioteca pública de códigos de barras de ADN que seriam ligados a espécimes nomeados. Hebert e os seus colegas (2004 a) e Moritz e Cicero (2004) também sequenciaram códigos de barras de ADN de 260 das 667 espécies de aves que se reproduzem na América do Norte. Eles descobriram que cada uma das 260 espécies tinha uma sequência *COI* diferente. As sequências ou eram idênticas ou eram muito semelhantes às sequências da mesma espécie.

O código de barras de ADN tem várias vantagens em relação aos métodos anteriores. Uma das vantagens é a sua disponibilidade. A região padrão do código de barras de ADN, um fragmento de *COI*, é muito eficaz na identificação de espécies e tem um bom poder de discriminação para a maioria dos grupos animais. O iniciador universal, originalmente concebido para invertebrados marinhos, revelou-se eficaz para muitos filos animais Hebert et al. (2003 b). A primeira descrição de uma nova espécie utilizando um código de barras de ADN do holótipo foi efectuada por Meier et al. 2006, que utilizaram este método para descrever uma nova espécie de Xenothictis (Lepidoptera: Tortricidae).

Posteriormente, foi proposto o projeto Barcode of Life para promover o código de barras de ADN como norma global para a identificação de eucariotas com base em sequências. Em 2004, este projeto foi formalmente iniciado com a criação do Consórcio para o Código de Barras da Vida (CBOL), que tem por objetivo desenvolver um protocolo normalizado para o código de barras de ADN e construir uma biblioteca abrangente de códigos de barras de ADN. O estudo de Hebert et al. (2004 b) sobre a eficácia do código de barras de ADN centrou-se na borboleta neotropical *Astraptes fulgerator*, no noroeste da Costa Rica.

Meyer e Paulay (2005) e Lambert et al. (2005) examinaram a possibilidade de utilizar o código de barras do ADN para avaliar a diversidade passada do biota da Terra. O gene *COI* de um grupo de aves ratites extintas, as moas, foi sequenciado utilizando 26 ossos de moas subfósseis. Ward et al. (2005) sequenciaram (com código de barras) uma região de 655 pb do *COI* mitocondrial de 207 espécies de peixes. Todas as espécies puderam ser diferenciadas pela sua sequência *COI*, embora indivíduos isolados de cada uma de duas espécies apresentassem haplótipos característicos de um congénere. Rubinoff (2006 a) descreveu que os códigos de barras de ADN animal, segmentos de 600 a 800 pares de bases do gene mitocondrial *COI*, foram propostos como um meio de quantificar a biodiversidade global. Os códigos de barras de ADN são mais susceptíveis de fornecer informações potencialmente úteis para grupos que já estão bem estudados, e esses taxa não constituem a maioria da biodiversidade ou os que mais necessitam de atenção da investigação.

Rubinoff (2006 b) observou que a atribuição de indivíduos desconhecidos a espécies era impossível para 60% das espécies e que, se a técnica tivesse sido aplicada, como no estudo anterior, para identificar novas espécies, teria subestimado o número de espécies no género em 75%. Atribuíram o fracasso do código de barras à não monofilia de muitas das espécies a nível mitocondrial. Desde então, foram descritas muitas espécies novas com códigos de barras de ADN a partir do holótipo ou de parátipos, não só em artrópodes, mas também noutros animais

(Janzen et al. 2005).

Hajibabaei et al. (2006) compararam os objectivos e métodos do código de barras de ADN com os da filogenética molecular e da genética populacional e sugerem que o código de barras de ADN pode complementar a investigação atual nestas áreas, fornecendo informações de base que serão úteis na seleção de taxa para análises posteriores. Huang et al. (2007) e Kelly et al. (2007) compararam os objectivos e métodos do código de barras de ADN com os da filogenética molecular e da genética populacional e sugerem que o código de barras de ADN pode complementar a investigação atual nestas áreas, fornecendo informações de base que serão úteis na seleção de taxa para análises posteriores. Kress e Erickson (2008) sugeriram que o código de barras de ADN consiste numa sequência curta normalizada de ADN que, em princípio, deveria ser facilmente gerada e caracterizada para todas as espécies do planeta. Uma sequência de ADN extremamente curta pode conter informação mais do que suficiente para resolver 10 ou mesmo 100 milhões de espécies. A chave para este objetivo é a adoção generalizada de imagens de espécimes e a comunicação dos "níveis de confiança" de identificação, tal como discutido no novo protocolo, que também reitera a importância de um banco de trabalho informático partilhado, o sistema Barcode of Life Data (Ratnasingham e Hebert 2007).

Seberg e Petersen (2009) provam ainda a eficiência da técnica de código de barras de ADN ao discriminar as espécies de peixes de água doce canadianos, desenvolvendo sequências cox1 para 1360 indivíduos pertencentes a 190 das 203 espécies de peixes de água doce canadianos. Ward et al. (2009) e Laskar et al. (2013) observaram que os peixes da região podiam ser discriminados por código de barras e fizeram uma campanha de código de barras de ADN para todos os peixes e criaram o FISH-BOL. Ward et al. (2005) observaram outro exemplo de utilização de código de barras de ADN para a identificação de espécies crípticas incluídas na base de dados de longo prazo em curso de vida de lagartas tropicais gerada na Costa Rica. A filogenia molecular é utilizada para decifrar a origem evolutiva de um hábito alimentar invulgar da tartaruga-de-pente. Além disso, todas as espécies de tartarugas marinhas estão formalmente listadas pela União Internacional para a Conservação da Natureza e dos Recursos Naturais (IUCN) como ameaçadas ou em perigo de extinção e, ao melhorar a compreensão filogenética, a informação genética pode influenciar estratégias de afetação de recursos de gestão finitos.

Linacre (2006), Naro-Maciel et al. (2010) e Tobe e Linacre (2010) sequenciaram um segmento do gene *COI* de todas as sete espécies das bacias dos oceanos Atlântico e Pacífico. Estabeleceram códigos de barras de ADN baseados em caracteres para cada espécie, utilizando combinações únicas de estados de caracteres em 76 posições de nucleótidos. O código de barras de ADN das tartarugas marinhas é uma ferramenta poderosa para a identificação de espécies e para a investigação forense da vida selvagem, que também fornece dados complementares para a investigação genética da conservação. O projeto Código de Barras da Vida entrou numa nova fase com o lançamento do projeto Código de Barras Internacional da Vida. O iBOL é uma enorme colaboração internacional de 26 países que tem por objetivo estabelecer um sistema de identificação automatizado baseado numa biblioteca de códigos de barras de ADN de todos os eucariotas.

Ratnasingham e Hebert (2007) sugeriram que o Consórcio "Barcode of Life" é uma iniciativa mundial dedicada à realização de um inventário molecular da biodiversidade terrestre. Depois de ter sido demonstrado que o gene *COI* do ADN mitocondrial (ADNmt) podia ser utilizado com êxito para identificar espécies de aves norte-americanas. Wong et al. (2011) desenvolveram e avaliaram códigos de barras de ADN para utilização na diferenciação de espécies de peixe-gato nacionais e importadas dos Estados Unidos. Sugerem também que, à medida que os Estados Unidos aumentam os requisitos de inspeção e regulamentação dos produtos do mar, o código de barras de ADN será uma ferramenta importante nos esforços para garantir a segurança dos consumidores e um comércio internacional justo.

Hausmann et al. (2011), Park et al. (2011) e Weigt et al. (2012) apresentam dados de códigos de barras de ADN de 3400 espécimes representando 521 espécies de peixes de 6 áreas das Caraíbas e do Atlântico central ocidental. Fundidos com os seus dados publicados anteriormente, os esforços combinados resultam em 3.964 espécimes que representam 572 espécies de peixes marinhos e constituem uma das "coberturas" de códigos de barras de ADN mais abrangentes para uma região registada até à data. Atualmente, a campanha FISH-BOL tem códigos de barras para o gene *COI de* cerca de 8.000 das 31.000 espécies de peixes atualmente reconhecidas (Ward et al. 2009).

Stoeckle et al. (2011) descreveram a potencialidade dos resultados BLAST para a identificação de qualquer espécie. Michel et al. (2012) utilizaram a sequenciação de nova geração para obter sete novos transcriptomas do sangue, fígado ou mandíbulas de quatro tartarugas, um jacaré, um lagarto e um peixe-pulmão. Utilizaram um conjunto de dados filogenómicos baseado em 248 genes nucleares de 16 taxa de vertebrados para resolver as origens da tartaruga. Os métodos de relógio molecular relaxado estimam a divergência entre a tartaruga e os arcossauros há cerca de 255 milhões de anos. Estes resultados fornecem um quadro filogenético e uma escala de tempo para interpretar a evolução das características morfológicas, de desenvolvimento e moleculares peculiares da tartaruga no seio dos amniotas.

Keshavmurthy et al. (2013) mostraram, através da análise de *COI*, de 241 *Stylophora pistillata*, amostras de espécies de coral "lab-rat" amplamente utilizadas em toda esta gama, que este táxon compreende, de facto, quatro clados profundamente divergentes. Com base no registo fóssil, estes quatro clados divergiram uns dos outros 51,5-29,6 anos depois, e devem ser reconhecidos como quatro espécies distintas.

DeSalle et al. (2005) descreveram pela primeira vez a utilidade das sequências de códigos de barras em Testudines, mas, além disso, todas as espécies podiam ser diferenciadas pela sua sequência *COI*, embora indivíduos individuais de cada uma das duas espécies apresentassem haplótipos característicos de um congénere. A análise baseada na sequência de ADN demonstrou o seu potencial na investigação forense da vida selvagem por Dawnay et al. (2007). Vargas et al. (2009) representam cinco das sete espécies reconhecidas de tartarugas marinhas (Testudines) que ocorrem na costa brasileira. Os valores observados estiveram na mesma faixa dos já descritos para outros grupos animais. A família Dermochelyidae e Cheloniidae estão sendo 19 vezes maior do que a divergência média observada dentro das espécies e obtiveram códigos de barras *COI* específicos para cada espécie, que podem ser usados para identificar cada uma das espécies de tartarugas marinhas estudadas. Lohman et al. (2009), Russello et al. (2010), Reid et al. (2011), Rhodin et al. (2011) e Lourenço et al. (2012) observaram que um grande número de estudos filogenéticos foi efectuado para construir clados evolutivos de tartarugas com base em dados morfológicos e moleculares, o que permitiu obter novas sequências de códigos de barras *COI* para 174 espécies de tartarugas. Honda et al. (2002 a, b) observam que os novos protocolos podem ajudar a promover o código de barras de ADN dos répteis e a biblioteca estabelecida de códigos de barras de ADN de referência facilitará a identificação molecular dos répteis de Madagáscar. Esta técnica pode ser útil para reconhecer facilmente a diversidade não descrita, para resolver problemas taxonómicos e para monitorizar o comércio internacional de animais de companhia sem conhecimentos especializados.

Borisenko et al. (2008) descreveram as sequências completas do mtDNA e a análise de aminoácidos do *COI* de *Aedes aegypti, tendo* a maioria dos SNP ocorrido como transição sinónima no segmento do gene *COI*, o que constitui uma nova abordagem para a reconstrução da filogenia a partir de sequências de proteínas. Em 2004, Feldman e Parham descreveram os relógios moleculares em répteis e, mais tarde, Near et al. (2005) descreveram a avaliação da concordância de pontos de calibração fósseis em estudos de relógios moleculares utilizando tartarugas. Utilizando estes dados de calibração, deve ser atribuído a cada nó de divergência um valor de divergência molecular relaxado. Apresentam um novo método de validação cruzada que identifica fósseis inconsistentes quando estão disponíveis múltiplas calibrações fósseis para um clado e aplicam o nosso método a uma filogenia molecular de tartarugas vivas com tempos de calibração fósseis para 17 dos 22 nós internos da árvore. Este procedimento de validação cruzada identificou sete fósseis inconsistentes.

3. MATERIAIS E MÉTODOS

3.1. Considerações éticas:

thO taxa experimental está incluído na Convenção sobre o Comércio Internacional das Espécies da Fauna e da Flora Selvagens Ameaçadas de Extinção (CITES) e na lista de dados vermelhos da IUCN, pelo que os investigadores obtiveram autorização para realizar a investigação ao abrigo da secção 28 da Lei sobre a Vida Selvagem (Proteção) de 1972 (com as alterações que lhe foram introduzidas até à data) do Conservador-Chefe das Florestas (Vida Selvagem) de Assam, através do despacho n.º 175 de 20 de fevereiro de 2010, bem como do Departamento de Florestas de Mizoram e Bengala Ocidental e do Comité de Ética Institucional da Universidade de Assam, Silchar. As populações do grupo-alvo de animais são muito escassas na natureza, pelo que este estudo se baseou apenas numa amostragem criteriosa. Nas experiências laboratoriais, todos os produtos químicos utilizados nesta investigação eram de biologia molecular e de grau analítico e foram adquiridos a empresas autorizadas.

3.2. Materiais:

1.1.1. Seleção do local de amostragem:

As regiões do leste e do nordeste da Índia são ricas em populações de tartarugas e cágados, pelo que concentrámos estas duas regiões ricas em tartarugas para documentação, identificação morfológica e reavaliação com base em códigos de barras de ADN no presente estudo (Fig. 5).

A região da Índia Oriental é constituída por 4 Estados, Bengala Ocidental e outros três. A maior parte da região situa-se na costa oriental da Índia, banhada pela Baía de Bengala, e nas planícies indo-gangéticas. Estas regiões são delimitadas pelos Himalaias a norte e pelo maior delta do mundo a sul. Os mangais encontram-se no vasto delta da Baía de Bengala, formado pelos rios Padma, Bramhaputra e Meghna, que atravessam o sul do Bangladesh. As outras regiões, o NE da Índia, compreendem oito Estados: Sikkim, Assam, Arunachal Pradesh, Nagaland, Manipur, Mizoram, Tripura e Meghalaya. A região NE pode ser classificada fisiograficamente nos Himalaias Orientais, nas colinas do NE, no Brahmaputra e nas planícies do vale do Barak. A região é coberta pelos poderosos sistemas fluviais Brahmaputra-Barak e seus afluentes. Esta região está também ligada ao hotspot da Indo-Birmânia e partilha a biodiversidade do Sudeste Asiático.

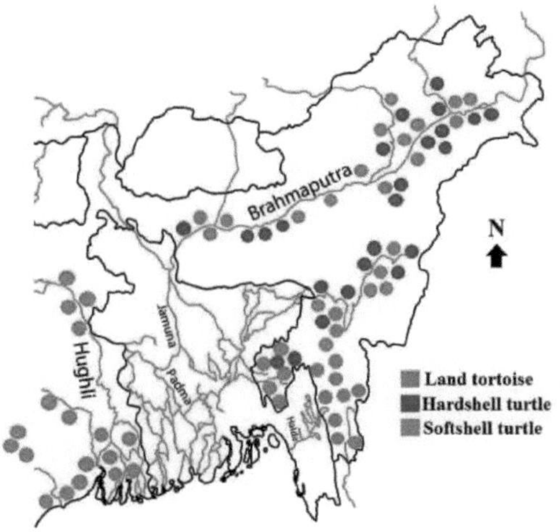

Figure 5: The map showing the collection area of turtles and tortoises from different location of east and NE India.

1.1.2. Amostragem, documentação dos taxa experimentais e acesso à base de dados:

A operação de amostragem foi efectuada durante os quatro anos consecutivos do programa de investigação, sequencialmente de inverno a verão. As estações secas de inverno (novembro - março) mereceram maior atenção para a recolha de amostras marinhas e as estações chuvosas de verão (junho - setembro) para a tartaruga de carapaça mole. Como informação preliminar para o presente trabalho de investigação, foram acumulados dados abrangentes sobre todas as espécies estudadas a partir da base de dados de répteis e da lista de dados vermelhos da IUCN. As amostras de tartarugas e cágados (sangue, carne/tecido, osso ou saliva) foram recolhidas no comércio de animais de estimação, em habitats selvagens, bem como em diferentes mercados do leste e do nordeste da Índia, após comunicação com o caçador ou comerciante. Uma pequena quantidade de tecido muscular (no caso de amostras de mercado), sangue dos membros posteriores (no caso de espécimes de corpo inteiro), osso (carapaça) ou saliva (esfregaços) foi recolhida assepticamente de cada amostra e armazenada em 500 μL de tampão TES (50 mM Tris HCl, 25 mM EDTA e 150 mM NaCl) ou tampão de lise (10 mM Tris-HCl, 10 mM EDTA e 50 mM NaCl) (Rohilla e Tiwari 2008; Ghosh et al. 2012 a). Todos os caracteres morfológicos foram determinados e registados e as fotografias (espécime inteiro) foram tiradas com uma câmara digital reflex de lente única (Nikon-D-3100).

Quadro 2: Recolha de informações sobre os taxa experimentais para a presente investigação

SL	ID da	Espécies	Tipos de	Data de	Estado	Região	Latitude	Longitude

Não	amostra		amostras	recolha			
1	SGSKD-Tl	*N hurum*	Em direto	05-Nov-09	Tripura	Nordeste da Índia	23.31 N 91.31 E
2	SGSKD-T2	*M. emys*	Em direto	30-Nov-10	Mizoram	Nordeste da Índia	23.36 N 93.00 E
3	SGSKD-T3	Desconhecido	Carne	Ol-Jan-12	Assam	Nordeste da Índia	24.49 N 92.48 E
4	SGSKD-T4	*C. indica*	Em direto	04-Jul-10	Assam	Nordeste da Índia	24.49 N 92.48 E
5	SGSKD-T5	Desconhecido	Carne	01-Jan-12	Assam	Nordeste da Índia	24.49 N 92.48 E
6	SGSKD-T6	*I. elongata*	Em direto	04-Set-10	Mizoram	Nordeste da Índia	23.36 N 93.00 E
7	SGSKD-T7	*Lelongata*	Em direto	02-Dez-10	Mizoram	Nordeste da Índia	23.36 N 93.00 E
8	SGSKD-T8	*M. emys*	Em direto	30-Nov-10	Mizoram	Nordeste da Índia	23.36 N 93.00 E
9	SGSKD-T9	*Lelongata*	Em direto	29-Nov-ll	Mizoram	Nordeste da Índia	23.36 N 93.00 E
para	SGSKD-T10	Desconhecido	Carne	02-Dez-09	Tripura	Nordeste da Índia	23.50 N 91.25 E
11	SGSKD-Tl 1	*Nnigricans*	T raçado	30-Nov-09	Tripura	Nordeste da Índia	23.31 N 91.31 E
12	SGSKD-T12	Desconhecido	Carne	21-Nov-11	Tripura	Nordeste da Índia	23.50 N 91.25 E
13	SGSKD-T13	Desconhecido	Carne	21-Nov-11	Tripura	Nordeste da Índia	23.50 N 91.25 E
14	SGS KD-T14	Desconhecido	Carne	29-Nov-09	Tripura	Nordeste da Índia	23.50 N 91.25 E
15	SGSKD-Tl 5	Desconhecido	Carne	29-Nov-09	Tripura	Nordeste da Índia	23.31 N 91.31 E
16	SGS KD-T16	Desconhecido	Carne	23-Nov-ll	Tripura	Nordeste da Índia	23.31 N 91.31 E
17	SGSKD-Tl 7	*P. tecta*	Em direto	30-Nov-10	Tripura	Nordeste da Índia	23.50 N 91.25 E
18	SGSKD-Tl 8	Desconhecido	Carne	16-Dez-09	Tripura	Nordeste da Índia	23.50 N 91.25 E
19	SGSKD-T19	Desconhecido	Carne	16-Dez-09	Tripura	Nordeste da Índia	23.31 N 91.31 E
20	SGSKD-T20	*N gangetica*	Em direto	27-Fev-10	Assam	Nordeste da Índia	27.30 N 95.22 E
21	SGSKD-	*P. tentoria*	Em direto	29-Nov-10	Assam	Nordeste	27.30 N 95.22 E

	T21					da Índia		
22	SGSKD-T22	*Cmouhotii*	Em direto	15-Fev-12	Assam	Nordeste da Índia	27.30 N	95.22 E
23	SGSKD-T23	*Cjnouhotii*	Em direto	13-Aug-10	Assam	Nordeste da Índia	27.30 N	95.22 E
24	SGSKD-T24	Desconhecido	Carne	IO-Apr-IO	Assam	Nordeste da Índia	27.30 N	95.22 E
25	SGSKD-T25	Desconhecido	Carne	IO-Apr-IO	Assam	Nordeste da Índia	27.30 N	95.22 E
26	SGSKD-T26	Desconhecido	Carne	15-Mar-12	Mizoram	Nordeste da Índia	23.36 N	93.00 E
27	SGSKD-T27	*Cgemeli*	Em direto	14-Fev-ll	Mizoram	Nordeste da Índia	23.36 N	93.00 E
28	SGSKD-T28	Desconhecido	Carne	29-Nov-ll	Mizoram	Nordeste da Índia	23.36 N	93.00 E
29	SGSKD-T29	Desconhecido	Carne	15-Mar-12	Mizoram	Nordeste da Índia	23.36 N	93.00 E
30	SGSKD-T30	*L,punctata*	Em direto	IO-Jul-IO	Bengala Ocidental	Índia Oriental	22.92 N	87.07 E
31	SGSKD-T31	*Lpunctata*	Em direto	16-Jul-10	Bengala Ocidental	Índia Oriental	22.92 N	87.07 E
32	SGSKD-T32	*C. inouhotii*	Em direto	15-Fev-12	Assam	Nordeste da Índia	26.38 N	92.48 E
33	SGSKD-TO	*Cmouhotii*	Em direto	15-Fev-12	Assam	Nordeste da Índia	26.38 N	92.48 E
34	SGSKD-T34	Desconhecido	Carne	20-Jun-l 1	Bengala Ocidental	Índia Oriental	21.73 N	88.11 E
35	SGSKD-TO	Desconhecido	Carne	23-Nov-ll	Tripura	Nordeste da Índia	23.31 N	91.31 E
36	SGSKD-T41	*Lelongata*	Em direto	IO-Fev-12	Mizoram	Nordeste da Índia	23.36 N	93.00 E
37	SGSKD-T42	*Lelongata*	Em direto	IO-Fev-12	Mizoram	Nordeste da Índia	23.36 N	93.00 E
38	SGSKD-T43	*LeIongata*	Em direto	IO-Fev-12	Mizoram	Nordeste da Índia	23.36 N	93.00 E
39	SGSKD-T52	Desconhecido	Carne	21-Nov-09	Bengala Ocidental	Índia Oriental	23.95 N	88.04 E
40	SGSKD-T55	Desconhecido	Carne	16-Dez-ll	Bengala Ocidental	Índia Oriental	21.73 N	88.11 E
41	SGSKD-T80	*P.tentoria*	Em direto	16-Dez-09	Assam	Nordeste da Índia	26.38 N	92.48 E
42	SGSKD-T81	*Cgemeli*	Em	O5-Fev-12	Mizoram	Nordeste	23.36 N	93.00 E

			direto			da Índia	
43	SGSKD-T82	*C. geme Ii*	Em direto	20-Fev-12	Assam	Nordeste da Índia	26.11 N 91.44 E
44	SGSKD-TO	*M. trijuga*	Em direto	26-Fev-12	Assam	Nordeste da Índia	26.11 N 91.44 E
45	SGSKD-TO	*M. trijuga*	Em direto	26-Fev-12	Assam	Nordeste da Índia	26.11 N 91.44 E
46	SGSKD-T93	*A.cartilaginea*	Em direto	29-Nov-ll	Mizoram	Nordeste da Índia	23.36 N 93.00 E
47	SGSKD-T94	*G. hamiltonii*	Em direto	20-Dez-ll	Assam	Nordeste da Índia	26.38 N 92.48 E
48	SGSKD-T95	*G. hamiltonii*	Em direto	20-Dez-ll	Assam	Nordeste da Índia	26.38 N 92.48 E
49	SGSKD-T96	*C. geme li*	Em direto	30-0ct-10	Assam	Nordeste da Índia	26.11 N 91.44 E
50	SGSKD-T97	*G. hamiltonii*	Em direto	20-Dez-ll	Assam	Nordeste da Índia	26.38 N 92.48 E
51	SGSKD-T99	*P. ten to ri a*	Em direto	17-Aug-10	Assam	Nordeste da Índia	26.38 N 92.48 E
52	SGSKD-Tl OO	*Camboinensis*	Em direto	29-Dez-ll	Assam	Nordeste da Índia	26.38 N 92.48 E
53	SGSKD-T101	*Camboinensis*	Em direto	29-Nov-10	Assam	Nordeste da Índia	27.29 N 94.54 E
54	SGSKD-Tl 02	*Camboinensis*	Em direto	29-Dez-ll	Assam	Nordeste da Índia	27.29 N 94.54 E
55	SGSKD-T103	*P,sylhetensis*	Em direto	27-Fev-l 1	Tripura	Nordeste da Índia	23.50 N 91.25 E
56	SGSKD-Tl 04	*P.sylhetensis*	Em direto	02-Dez-11	Tripura	Nordeste da Índia	23.50 N 91.25 E
57	SGSKD-T105	*Camboinensis*	Em direto	29-Dez-ll	Assam	Nordeste da Índia	27.29 N 94.54 E
58	SGSKD-Tl 09	*Lforstenii*	Em direto	30-Nov-ll	Mizoram	Nordeste da Índia	23.36 N 93.00 E
59	SGSKD-Tl 10	*Lforstenii*	Em direto	02-Fev-12	Mizoram	Nordeste da Índia	23.36 N 93.00 E
60	SGSKD-Tl 11	*Lforstenii*	Em direto	02-Fev-12	Mizoram	Nordeste da Índia	23.36 N 93.00 E

1.1.3. Produtos químicos:

Os produtos químicos utilizados neste estudo incluem principalmente os necessários para o isolamento do ADN, a amplificação da PCR, a sequenciação do ADN e outras técnicas associadas, como a eletroforese em gel e a purificação do gel. Os produtos químicos eram maioritariamente de grau de biologia molecular e incluem,

(i) Tris (hidroximetil) aminometano, também designado por base Tris

(ii) Ácido etileno diamino tetracloro acético (EDTA)

(iii) Cloreto de sódio (NaCl)

(iv) Dodecil Sulfato de Sódio (SDS)

(v) Brometo de etídio (EtBr)

(vi) Proteinase-K (Promega, EUA)

(vii) Tris fenol saturado

(viii) Clorofórmio

(ix) Ácido acético glacial

(x) Álcool isoamílico

(xi) Glicerol (SRL, Índia)

(xii) Etanol absoluto (Bengal Chemical and Pharmaceuticals Works Ltd. Kolkata)

(xiii) *Taq* DNA polimerase

(xiv) dNTPs Mistura principal

(xv) Kit de reagentes

(xvi) Cloreto de magnésio (MgCl2)

(xvii)Tampão PCR (Fermentas, Gemany; Bioline, U.K; Applied Biosystems USA). Os tampões e reagentes eram maioritariamente de grau de biologia molecular e incluem,

(i) Tris (hidroximetil) aminometano-HCl ou Tris-Hcl-10 ml (1M, pH8,00)

Base Tris1 .211 gm

Água sem nuclease10 ml

Adicionou-se primeiro 1,211 g de base Tris a 7 ml de água sem nuclease; o pH inicial foi registado e ajustado para pH-8,00 através da adição de HCl concentrado. Quando o pH se torna estável a pH-8,00, adicionou-se a quantidade restante de água sem nuclease para perfazer o volume final de 10 ml e depois autoclavou-se a 15 lb durante 10 minutos.

(ii) Ácido etileno diamino tetracloro acético ou EDTA-10 ml (0,5M, pH-8,00)

EDTA1 ,862 gm

Água sem nuclease10 ml

Adicionou-se primeiro 1,862 g de EDTA em 7 ml de água sem nuclease; o pH inicial foi registado e ajustado para pH-8,00 adicionando NaOH. Uma vez que o pH se torna estável a pH-8,00, foi adicionada a quantidade restante de água sem nuclease para fazer o volume final de 10 ml e depois autoclavada a 15 lb durante 10 minutos e mantida a 22^0 C.

(iii) Cloreto de sódio ou NaCl-10 ml (5M)

NaCl2 ,422 gm

Água sem nuclease10 ml

Adicionou-se NaCl 2,422 gm em 10 ml de água sem nuclease e dissolveu-se corretamente com um agitador autoclavado e depois autoclavou-se a 15 lb durante 10 minutos e manteve-se a 22^0 C.

(iv) Dodecil Sulfato de Sódio ou SDS- 10 ml (20%)

SDS 2 gm

Água sem nuclease9 ml

Adiciona-se 1 ml de SDS em pó a 9 ml de água sem nuclease à temperatura ambiente e mantém-se a 37^0 C.

(v) Brometo de etídio ou EtBr-(10 mg/ml)

Brometo de etídio10 mg

Água sem nuclease1ml

Misturar bem e embrulhar o recipiente em papel de alumínio e guardar à temperatura ambiente.

(vi) Proteinase-K- 200 μg/ml em água sem nuclease.

(vii) Tris fenol saturado (pH 8,00)

O fenol sólido foi liquefeito a 68°C num banho de água e foi adicionado um volume igual de Tris HCl 1 M (pH 8,00). Retirou-se a fase aquosa superior e repetiu-se o procedimento de extração até o pH da fase aquosa atingir 8,00. Após a extração final, foi-lhe adicionado um volume igual de TE e armazenado num frasco embrulhado em folha de alumínio a 4°C.

(viii) Clorofórmio-álcool isoamílico (24:1)

Foram adicionadas 24 partes de clorofórmio com 1 parte de álcool isoamílico, misturadas corretamente e armazenadas a 4°C.

(ix) Graus de álcool - 100%, 70%

(x) Ácido acético glacial

(xi) Tampão TES (10 ml)

Tris-HCl	50 mM (adicionados 500 µl do stock 1 M Tris-
HCl) EDTA EDTA)	25 mM (adicionados 500 µl do stock 0,5 M
NaCl	150 mM (adicionados 300 µl de NaCl 5 M de reserva)

Água sem nuclease 8,7 ml

(xii) Tampão de lise (10 ml)

Tris-HCl	
HCl) EDTA	10 mM (adicionados 100 µl do stock 1 M Tris-
EDTA)	10 mM (adicionados 200 µl do stock 0,5 M
NaCl	50 mM (adicionado 100 µl de NaCl 5 M de reserva)
SDS	20% (100 µl)

Água sem nuclease 8,6 ml.

(xiii) Tampão TAE - 10 ml (50X)

Base Tris	9.68 g.
Ácido acético glacial	2,284 ml.
EDTA 0,5 M (pH 8,0)	4 ml.
Água destilada até	500 ml à temperatura ambiente

Misturado corretamente e armazenado à temperatura.

(xiv) Tampão TE

Tris-HCl	10 mM
EDTA	1 mM

(xv) Corante de carga (6X)

Azul de bromofenol	25 mg
Glicerol	9 ml
Água sem nuclease	7 ml

3.2.4. Primários:

Foi utilizado um conjunto de primers forward e reverse para amplificar o gene *COI* do mtDNA das tartarugas e cágados. Os primers seleccionados para o estudo foram os primers *COI de* peixes universais publicados (Ward et al. 2005).

As sequências dos iniciadores foram as seguintes

FishF1- 5'TCAACCAACCACAAAGACATTGGCAC3'
FishR1- 5'TAGACTTCTGGGTGGCCAAAGAATCA3'

3.2.5. Dados de códigos de barras adicionais adquiridos a partir de bases de dados:

O sucesso extremo do código de barras de ADN é acompanhado pela criação de uma base de dados de referência de sequências de códigos de barras *COI* de espécimes identificados por peritos, que contém atualmente 459 sequências de códigos de barras *COI* para 234 espécies de tartarugas e cágados no GenBank, enquanto o sistema BOLD reuniu 333 registos públicos de códigos de barras para 85 espécies de Testudines existentes em todo o mundo (31.12.2012). Os investigadores acumularam todos os dados de códigos de barras (*COI* parcial) presentes nas bases de dados GenBank e BOLD e também adquiriram os dados de sequências *COI* de sequências genómicas completas dos taxa estudados e relacionados disponíveis nas bases de dados. O conjunto de dados adicionais é apresentado no Quadro 3.

Tabela 3: Lista de códigos de barras adquiridos e sequências completas de mtDNA de Testudines indianos do GenBank.

GenBank Accession No.	Complete mtDNA Accession No. from GenBank
HQ329696.1|*K. tentoria*	NC_014769.1|*C. amboinensis*
HQ329694.1|*K. smithii*	NC_010973.1|*P. mouhotii*
HQ329688.1|*M. tricarinata*	FJ763736.1|*C. amboinensis*
HQ329680.1|*H. thurjii*	DQ659152.1|*P. mouhotii*
HQ329674.1|*B. kachuga*	NC_012414.1|*L. punctata*
HQ329695.1|*K. tecta*	EF050073.1|*L. punctata*
HQ329691.1|*M. petersi*	NC_007696.1|*I. forstenii*
HQ329689.1|*M. trijuga*	NC_007695.1|*I. elongata*
HQ329677.1|*G. hamiltonii*	NC_007693.1|*M. emys*
HQ329673.1|*B. dhongoka*	DQ656607.1|*I. elongata*
HQ329671.1|*B. baska*	DQ080043.1|*I. elongata*
AY357738.1|*C. amboinensis*	DQ080040.1|*M. emys*
AF348274.2|*P. mouhotii*	DQ080044.1|*I. forstenii*
AF348273.2|*P. mouhotii*	
AF348272.1|*P. mouhotii*	
HQ329780.1|*N. gangetica*	
HQ329770.1|*C. chitra*	
HQ329768.1|*A. cartilaginea*	
HQ329781.1|*N. hurum*	
HQ329775.1|*L. punctata*	
HQ329771.1|*C. indica*	
HQ329769.1|*A. cartilaginea*	
HQ329752.1|*G. elegans*	

3.3. Métodos:

3.3.1. Isolamento e quantificação do ADN:

O isolamento do ADN genómico inicia-se com a lise ou rutura celular, que é o fenómeno de rutura da célula e da membrana nuclear para fazer emergir o conteúdo interno da célula, o que é considerado o primeiro passo para o isolamento do ADN genómico. O outro grande contaminante, as proteínas, é removido agitando suavemente a solução com fenol saturado de água ou com uma mistura de fenol e clorofórmio, que desnatura as proteínas mas não os ácidos nucleicos. A extração com fenol-clorofórmio é uma técnica de extração líquido-líquido em Bioquímica. A centrifugação da emulsão formada pela mistura produz uma fase orgânica inferior, separada da fase aquosa superior por uma interfase de proteínas desnaturadas. A solução aquosa é recuperada e desproteinizada repetidamente, até que não se veja mais material na interfase. Uma vez purificado o complexo de ácidos nucleicos, a precipitação pode ser efectuada e armazenada (Sambrook e Russell 2001; Ghosh et al. 2012 b).

> **Método-I (amostra de tecido):**

> A amostra de tecido foi retirada do álcool e cortada com uma lâmina esterilizada tão pequena quanto possível, sendo depois mantida seca em (-80)^0 C durante 30 minutos.

> Adicionou o tecido a um almofariz pré-arrefecido (gelo seco), Homogeneizou suavemente em 2 volumes (p/v) de tampão TES frio, o homogeneizador foi mantido em gelo previamente.

Ajustar o volume (500µl) com tampão TES.

- À amostra acima referida, adicionaram-se 50 µl de SDS a 10%, seguidos de 3-5 µl de 20 mg/ml de proteinase K, incubados a 56°C durante 1-18 horas até o tecido estar totalmente dissolvido.

- Adicionar um volume igual de fenol: clorofórmio: álcool isoamílico (25:24:1) e misturar bem durante alguns minutos.

- Centrifugar as amostras durante 10 minutos a 12000 rpm.

- Transferir a fase superior para um novo tubo de 1,5 ml e adicionar igual volume de clorofórmio: álcool isoamílico e centrifugar a 12000 rpm durante 10 minutos.

- Transferir a camada aquosa superior para um novo tubo de microcentrifugação esterilizado e adicionar o dobro do volume de etanol absoluto refrigerado.

- A amostra acima referida foi mantida a $(-20)^0$ C durante uma noite para precipitação.

- A amostra acima foi centrifugada a 10.000 rpm durante 10 minutos.

- Decantar o sobrenadante e reter o sedimento.

- Ao sedimento, adicionou 500 µl de etanol a 70% e centrifugou novamente a 7000 rpm durante 10 minutos e decantou o sobrenadante.

- O granulado foi mantido a secar ao ar sob fluxo de ar laminar.

- O sedimento foi ressuspenso em água sem nuclease e armazenado a $(-20)^0$ C ou $(-86)^0$ C para utilização imediata ou conservação prolongada.

- **Método-II (amostra de sangue):**

- As amostras de sangue foram normalmente obtidas como 1 ml de sangue total armazenado em tubos de vacutainer com EDTA congelados a 4^0 C.

- A amostra de sangue foi pipetada para um tubo de microcentrifugação esterilizado contendo 500 µl de tampão de lise.

- À amostra acima, adicionar 50 µl de SDS a 10% e misturar bem durante alguns minutos e adicionar 1-2 µl de Proteinase-K.

- Misturar bem a amostra, invertendo o tubo de microcentrifugação durante alguns minutos, e incubar a 56^{0} C durante 30 minutos.

- Adicionar igual volume de fenol: clorofórmio: Álcool isoamílico (25:24:1), misturando bem durante alguns minutos.

- Centrifugar a amostra durante 10 minutos a 12.000 rpm numa centrífuga de arrefecimento.

- Remover cuidadosamente a camada aquosa para um novo tubo de microcentrifugação esterilizado, adicionar 500 ml de clorofórmio: Álcool isoamílico (24:1) e misturar bem, invertendo repetidamente o tubo de microcentrifugação durante alguns minutos.

- Centrifugado a 12.000 rpm durante 10 minutos numa centrífuga de arrefecimento.

- Transferir a camada aquosa superior para um novo tubo de microcentrifugação esterilizado e adicionar o dobro do volume de etanol absoluto refrigerado.

- A amostra acima referida foi mantida a -20° C durante uma noite para precipitação.

- A amostra acima foi centrifugada a 10.000 rpm durante 10 minutos.

- Decantar o sobrenadante e reter o sedimento.

- Ao sedimento, adicionou 500 µl de etanol a 70% e centrifugou novamente a 7000 rpm durante 10 minutos e decantou o sobrenadante.

- O granulado foi mantido a secar ao ar sob fluxo de ar laminar.

- O sedimento foi ressuspenso em água sem nuclease e armazenado a $(-20)^{0}$ C ou $(-86)^{0}$ C para utilização imediata ou conservação prolongada.

- **Método-III (amostra de osso):**

- Limpei o osso corretamente e deixei-o de molho em lixívia a 10% durante 1-2 minutos.

- Enxaguado em água esterilizada, o osso é bem seco e a camada exterior de tecido é removida com uma lixa.

- As amostras de osso foram obtidas da carapaça em 10-15 g (em forma de pó por um perfurador) e armazenadas a 4^{0} C.

> As amostras de pó de osso (1-2 gm) foram mantidas num tubo de microcentrífuga esterilizado contendo 500 µl de tampão de lise.

> À amostra acima, adicionar 50 µl de SDS a 10% e misturar bem durante alguns minutos e adicionar 5-10 µl de Proteinase-K.

> Misturou-se bem a amostra invertendo o tubo de microcentrifugação durante alguns minutos e incubou-se a 56^0 C durante 4-5 horas.

> Adicionar igual volume de fenol: clorofórmio: Álcool isoamílico (25:24:1), misturando bem durante alguns minutos.

> Centrifugar a amostra durante 10 minutos a 12.000 rpm numa centrífuga de arrefecimento.

> Remover cuidadosamente a camada aquosa para um novo tubo de microcentrifugação esterilizado, adicionar 500 ml de clorofórmio: Álcool isoamílico (24:1) e misturar bem, invertendo repetidamente o tubo de microcentrifugação durante alguns minutos.

> Centrifugado a 12.000 rpm durante 10 minutos numa centrífuga de arrefecimento.

> Transferir a camada aquosa superior para um novo tubo de microcentrifugação esterilizado e adicionar o dobro do volume de etanol absoluto refrigerado.

> A amostra acima referida foi mantida a $(-20)^0$ C durante uma noite para precipitação.

> A amostra acima foi centrifugada a 10.000 rpm durante 10 minutos.

> Decantar o sobrenadante e reter o sedimento.

> Ao sedimento, adicionou 500 µl de etanol a 70% e centrifugou novamente a 7000 rpm durante 10 minutos e decantou o sobrenadante.

> O granulado foi mantido a secar ao ar sob fluxo de ar laminar.

> O sedimento foi ressuspenso em água sem nuclease e armazenado a $(-20)^0$ C ou $(-86)^0$ C para utilização imediata ou conservação prolongada.

> **Método-IV (amostra de saliva):**

> As amostras de saliva foram normalmente obtidas como uma zaragatoa completa e

armazenadas em 500 µl de tampão de lise contendo um tubo de microcentrífuga a 4^0 C.

> Eliminar a zaragatoa após lavagem adequada com tampão de lise.

> À amostra acima, adicionar 50 µl de SDS a 10% e misturar bem durante alguns minutos e adicionar 1-2 µl de Proteinase-K.

> Misturar bem a amostra, invertendo o tubo de microcentrifugação durante alguns minutos, e incubar a 56^0 C durante 30 minutos.

> Adicionar igual volume de fenol: clorofórmio: Álcool isoamílico (25:24:1), misturando bem durante alguns minutos.

> Centrifugar a amostra durante 10 minutos a 12.000 rpm numa centrífuga de arrefecimento.

> Remover cuidadosamente a camada aquosa para um novo tubo de microcentrifugação esterilizado, adicionar 500 ml de clorofórmio: Álcool isoamílico (24:1) e misturar bem, invertendo repetidamente o tubo de microcentrifugação durante alguns minutos.

> Centrifugado a 12.000 rpm durante 10 minutos numa centrífuga de arrefecimento.

> Transferir a camada aquosa superior para um novo tubo de microcentrifugação esterilizado e adicionar o dobro do volume de etanol absoluto refrigerado.

> A amostra acima referida foi mantida a $(-20)^0$ C durante uma noite para precipitação. (xi)A amostra acima referida foi centrifugada a 10 000 rpm durante 10 minutos.

> Decantar o sobrenadante e reter o sedimento.

> Ao sedimento, adicionou-se 500 µl de etanol a 70% e centrifugou-se novamente a 7000 rpm

durante 10 minutos e decantou o sobrenadante.

> O granulado foi mantido a secar ao ar sob fluxo de ar laminar.

> O sedimento foi ressuspenso em água sem nuclease e armazenado a $(-20)^0$ C ou $(-86)^0$ C para utilização imediata ou conservação prolongada.

3.3.2. Determinação espectrofotométrica:

A determinação espectrofotométrica da pureza e do rendimento do ADN extraído pode ser explicada passo a passo da seguinte forma:

- A solução-mãe de ADN isolado foi utilizada em diferentes taxas de diluição, nomeadamente 200, 50 e 10 vezes, adicionando água sem nuclease.

- Colocar 50µl de água sem nuclease numa cuvete e calibrar o espetrofotómetro a 260 nm e 280nm.

- Adicionar 2 µl de cada amostra de ADN a 48 µl de água sem nuclease numa cuvete e misturar bem.

- As densidades ópticas (DO) foram medidas a 260 (DO260) e 280 (DO280) num espetrofotómetro de UV (Biophotometer, Eppendrof), utilizando água sem nuclease como branco. O rendimento e a pureza das amostras de ADN foram estimados do seguinte modo

Concentração da solução de reserva de ADN (µg/ml) = **OD260** X 100 (fator de diluição) X 50 µg/ml/1000. Pureza da solução-mãe de ADN = **OD260/OD280** (para uma amostra de ADN puro, este rácio deve situar-se entre 1,75 e 1,80). A partir da concentração da solução-mãe de ADN, calculou-se e registou-se o rendimento total de ADN.

3.3.3. Eletroforese em gel de agarose:

O procedimento seguido para a eletroforese em gel de agarose foi o seguinte

- O pó de agarose foi vertido em tampão de eletroforese (1x TAE) até à concentração desejada, misturado adequadamente e depois aquecido num forno de micro-ondas até estar completamente derretido.

- Nesta altura, adicionou-se brometo de etídio (10 mg/ml) ao gel (concentração final de 0,5 ug/ml) para facilitar a visualização do ADN após a eletroforese.

- Após arrefecimento da solução até cerca de 60^0 C, esta foi vertida num tabuleiro de fundição contendo um pente de amostras e deixada solidificar à temperatura ambiente

- Depois de o gel solidificar, o pente foi retirado cuidadosamente sem perturbar os poços formados.

- O gel, ainda no seu tabuleiro de plástico, foi inserido horizontalmente na câmara de eletroforese e coberto com tampão.

- As amostras contendo ADN misturado com tampão de carga foram então pipetadas para os poços de amostra, a tampa e os cabos de alimentação foram colocados no aparelho e a corrente foi aplicada e o fluxo confirmado através da observação das bolhas que se desprendiam dos eléctrodos.
- A distância a que o ADN migrou no gel foi avaliada através da monitorização visual da migração dos corantes de rastreio, azul de bromofenol, que migram através dos géis de agarose aproximadamente à mesma velocidade que os fragmentos de ADN de cadeia dupla de 300 e 4000 pb.
- Quando se verificou uma migração adequada, os fragmentos de ADN foram visualizados por coloração com brometo de etídio
- Para visualizar o ADN, o gel foi colocado num transiluminador ultravioleta e foi tirada uma fotografia em Gel-DOC (BioRad).

A concentração do ADN extraído foi medida através da calibração do marcador que foi colocado em paralelo com as amostras. A intensidade de iluminação do ADN da amostra em comparação com o ADN do marcador (cujo valor foi utilizado para calibração) dá uma ideia aproximada da concentração do ADN extraído.

3.3.4. Amplificação por PCR do segmento do código de barras *COI*:

Para amplificar a região parcial do código de barras *COI* (~ 650 pb) dos taxa experimentais, a amplificação por PCR foi efectuada em ciclos térmicos verity (sistema ABI) nas condições abaixo mencionadas.

Definições PCR:

Cada misturador de PCR de 50 μl contém:

Tampão PCR 10X : 5 μl

dNTPs Mastermix (10 mM) : 5μl

Primário direto (20 pmole/μ^ : 1μl

Primário inverso (20 pmole/μl) : 1μl

DNA polimerase de alta fidelidade (5 unidades/ μl): 1μl ADN genómico (100-200 ng) : Variável

Água sem nuclease : até 50 µl

Condição de ciclo de PCR:

O perfil térmico da reação de PCR foi o seguinte: desnaturação inicial a 94^0 C durante 2 minutos, 30 ciclos a uma temperatura de desnaturação de 94^0 C durante 45 segundos, temperatura de recozimento de 50^0 C durante 45 segundos e temperatura de alongamento de 72^0 C durante 1 minuto, e alongamento final a 72^0 C durante 8 minutos, seguido de manutenção a 4^0 C. Alíquotas de 5 µl de produtos de ADN da amplificação por PCR foram carregadas em gel de agarose de baixa fusão 0,8-1,2 % para eletroforese em TAE 1x. O gel foi corado com brometo de etídio (10 mg/ml) e observado sob transiluminação UV.

3.3.5. Purificação dos produtos PCR:

A banda única e uniforme foi excisada e purificada utilizando o kit de extração QIAquick^R Gel (QIAGEN, EUA), de acordo com as instruções do fabricante abaixo indicadas.

> Retirar o fragmento de ADN do gel de agarose com um bisturi limpo e afiado.

> Transferir a fatia de gel para um tubo de 1,5 ml ou 2,0 ml. Adicionou-se então 650 µl de solubilizador de gel.

> Incubar o tubo durante 10 minutos a 50^0 C num banho de água até que a fatia de gel se dissolva completamente (3-4 vezes durante a incubação).

> Adicionar 50 µl de Binding Optimizer à amostra. Misturar por pipetagem para cima e para baixo ou por agitação em vórtex.

> Transferir 750 µl da amostra para a coluna Spin A colocada num tubo de recolha de 2 ml. Centrifugar a 10 000 x g (12 000 rpm) durante 1 minuto. Deitar fora o filtrado e reutilizar o tubo de recolha, colocando a coluna de centrifugação novamente no tubo de recolha. Carregou a solução residual e repetiu o passo de centrifugação. Reutilizar o tubo de recolha.

> Adicionou 700 µl de tampão de lavagem A e centrifugou a 10.000 x g (12.000 rpm) durante 1 minuto. Deitar fora o filtrado e reutilizar o tubo de recolha, colocando a coluna de centrifugação novamente no tubo de recolha.

> Repetir a etapa vi).

> Centrifugou-se à velocidade máxima durante 2 minutos para remover todos os vestígios de etanol e o tubo de recolha foi descartado.

> Colocar a coluna de centrifugação A num tubo de eluição de 1,5 ml e adicionar 30-50 µl de tampão de eluição diretamente à membrana da coluna de centrifugação. Incubado à

temperatura ambiente durante 1 minuto, centrifugado a 10.000 x g (12.000 rpm) durante 1 minuto para eluir o ADN.

> O ADN foi assim purificado e armazenado a (-20)º C.

3.3.6. Sequenciação de amplicons parciais do fragmento mtCOI:

Foi efectuada uma sequenciação padrão de cadeia dupla para o locus *COI* parcial (~ 650 pb) utilizando 50 ng (2,0) de produto de PCR purificado e 4 pmole de iniciador (1,0 µl) de iniciador, 4µl de kit de reação pronta Big Dye Terminator (Perkin Elmer) e 3,0 µl de água bidestilada para ajustar o volume a 10,0 µl. O ciclo de sequenciação foi efectuado num termociclador Gene Amp 9600 (Perkin Elmer), empregando 30 ciclos a 96º C durante 10 segundos, 50º C durante 5 segundos e 60º C durante 4 min. Os produtos estendidos foram purificados por precipitação com álcool, seguida de lavagem com álcool a 70%. As amostras purificadas foram dissolvidas em 10 µl de formamida Hi-Di a 50% e analisadas num analisador automático de ADN AB 13700.

3.3.7. Verificação da sequência e formatação:

Os sequenciadores automáticos de ADN geram um cromatograma de quatro cores que mostra os resultados da execução da sequenciação, bem como a melhor estimativa de um programa de computador para a interpretação desses dados - um ficheiro de texto com os dados da sequência. O cromatograma de sequências foi visualizado utilizando os seguintes programas, que são discutidos abaixo.

A saída do computador para uma execução de sequenciação consiste num ficheiro de cromatograma que mostra a sequência de ADN observada. Cada sequência foi lida para assegurar que todos os sítios ambíguos foram verificados pelo programa Chromas e pelo Applied Biosystems Sequence Scannerv1.0. O procedimento rápido para visualizar as sequências de ADN a partir do cromatograma é apresentado a seguir:

> Abriu o 'Sequence Scanner' ou 'Chromas'.

> Clicou em "Importar traços".

> Vá para a pasta onde foram obtidos os resultados da sequenciação (ficheiros .ab1). Seleccione os ficheiros a importar (shift+clique para obter vários ficheiros de uma só vez ou ctrl+clique para obter ficheiros alternativos) e, em seguida, clique em "add selected trace" (adicionar traço selecionado) para importar.

> No separador do gestor de traços: clique no(s) ficheiro(s) a realçar, nas tarefas do ficheiro

do lado esquerdo, seleccione "abrir traços". Isto abrirá a janela de traços na parte inferior. A vista predefinida é a dos dados analisados. Seleccione o separador "Raw" (Em bruto) para ver a fluorescência real ao longo do tempo, seleccione o separador "Annotation" (Anotação) para ver a intensidade do sinal juntamente com outros detalhes dos dados. Seleccione o separador "Sequence" (Sequência) para visualizar os resultados em formato de texto.

> No separador Relatórios: Clique num tipo de relatório para ver informações sobre todos os ficheiros de sequenciação. Clique duas vezes num ficheiro para abrir a janela de rastreio na parte inferior e inspecionar os dados da sequência.

> Para imprimir o ficheiro de rastreio numa única página: No separador Trace Manager, clique no(s) ficheiro(s) a realçar e clique em 'File' (Ficheiro) 'Print Setup' (Configuração da impressão). Definir os parâmetros como: Panels per page to 6; set Points per page to at least 1800; can change 'Set Y-Scale for Analyzed data' to change the peak height; select 'Print QV information' if you want the quality bars present on the graph; click 'Apply'. Clicar em 'File' (Ficheiro) 'Print preview' (Pré-visualização da impressão) para se certificar de que todo o ficheiro de traçado será impresso numa página (se for mais do que uma página, aumentar 'Points Per Panel' (Pontos por painel)). Clique em 'Print' (Imprimir). Nas preferências da impressora, defina a Orientação do layout como 'Paisagem'. De seguida, clique em "Imprimir".

> Para exportar traços em diferentes formatos de ficheiro: No separador Trace Manager (Gestor de traços), clique num ficheiro (s) para o realçar. No separador Trace Manager (Gestor de traços), selecionar 'Export Traces' (Exportar traços). Escolha o formato de ficheiro pretendido e o diretório em que pretende guardar o ficheiro.

3.3.8. Fato de Manupulação de Sequências (SMS):

O SMS (http://www.bioinformatics.org/sms2/) é escrito em Java Script 1.5, que é uma linguagem de script leve, multiplataforma e orientada para objectos. Converteu as sequências de ADN quary no seu formato inverso, complemento ou complemento inverso através do SMS.

3.3.9. Bio-Editar:

O Bio-Edit é um editor de alinhamento de sequências e um programa de análise de sequências fácil de usar e orientado pelo rato, concebido e escrito por um estudante de pós-graduação que sabe como pode ser frustrante e demorado depender de processadores de texto e programas de linha de comandos para a manipulação de sequências. O BioEdit destina-se a fornecer um único programa que pode lidar com a maioria das funções simples de edição e manipulação de sequências e alinhamentos que os investigadores provavelmente farão diariamente, bem como algumas análises básicas de sequências.

> Utilizou File/ Opened para ler a primeira sequência, escolhendo o formato de ficheiro adequado.

> Ler o segundo com Ficheiro/Importar

> As duas sequências aparecem agora na janela principal

> Se a sequência de ácidos nucleicos estiver alinhada, o programa escolherá automaticamente uma matriz de identidade para pontuação; para proteínas, deve escolher a sua matriz de pontuação (explicada abaixo) utilizando Sequence/Similarity Matrix. Blosum 62 é a predefinição.

> Mantenha premida a tecla Control e clique nos títulos de ambas as sequências para as selecionar.

> Agora seleccione Sequence/Pairwise Alignment. Ser-lhe-ão oferecidas duas opções. Alinhamento global ótimo; esta opção maximizará o número de correspondências, permitindo que as lacunas e as extremidades de Permitir deslizem mantém as sequências intactas e desliza uma sequência como um todo em relação à outra.

3.3.10. Quadro de Leitura Aberta (ORF) Predicação:

O ORF Finder (Open Reading Frame Finder) é uma ferramenta de análise gráfica que encontra todos os quadros de leitura abertos de um tamanho mínimo selecionável na sequência de um utilizador ou numa sequência já existente na base de dados. Esta ferramenta identifica todas as estruturas de leitura abertas utilizando os códigos genéticos padrão ou alternativos. A sequência de aminoácidos deduzida pode ser guardada em vários formatos e pesquisada na base de dados de sequências utilizando o servidor BLAST da WWW (http://www.ncbi.nlm.nih.gov /projects/gorf/gorf.html). O ORF Finder deve ser útil na preparação de submissões de sequências completas e exactas. Também é fornecido com o software de submissão de sequências Sequin. Procura quadros de leitura abertos (ORFs) na sequência de ADN introduzida. O programa devolve o intervalo de cada ORF, juntamente com a sua tradução proteica. O ORF Finder suporta todo o alfabeto IUPAC e vários códigos genéticos. Utilize o ORF Finder para procurar no ADN recentemente sequenciado potenciais segmentos codificadores de proteínas.

3.3.11. Formatação de sequências:

> **FASTA:** O formato começa com uma descrição da sequência numa única linha, precedida de ">". Na linha seguinte, a sequência atual é representada no código normalizado IUB\IUPAC de aminoácidos ou ácidos nucleicos. A maioria dos programas pode ler ou importar o formato fasta.

> **PHYLIP:** PHYLIP é o formato de ficheiro de entrada padrão para os programas do pacote PHYLIP e foi subsequentemente implementado como formato de ficheiro de entrada para muitos outros programas. A primeira linha do ficheiro de entrada contém o número de taxa e o número de caracteres (neste caso, locais de alinhamento), separados por espaços em branco. Os ficheiros PHYLIP têm frequentemente a extensão ".phy".

> **CLUSTAL:** O CLUSTAL não é amplamente suportado como formato de entrada em programas filogenéticos, mas é o formato de saída padrão de um software de alinhamento popular. O formato é reconhecido pela palavra CLUSTAL no início do ficheiro. A saída do alinhamento de sequências do software CLUSTAL tem normalmente a designação padrão ".aln". O CLUSTAL também indica os resíduos conservados no alinhamento utilizando um "*" para cada bloco.

> **MEGA:** A palavra-chave "# Mega" indica que os dados estão preparados para análise utilizando MEGA. Deve estar presente na primeira linha do ficheiro de dados. Na segunda linha, deve escrever-se a palavra "Title", que pode ser seguida de uma descrição dos dados na mesma linha. Cada etiqueta de táxon deve ser escrita numa nova linha, começando por #. As sequências podem ser formatadas tanto em formato sequencial como intercalado.

> **GENBANK:** Este formato consiste numa mistura de ficheiros de texto ASCII comprimidos e não comprimidos, contendo dados de sequências e índices que cruzam nomes de autores, citações de revistas, nomes de genes e palavras-chave com registos individuais do GenBank. Por conveniência, os registos GenBank estão divididos em divisões de acordo com o organismo de origem ou o tipo de sequência. Os registos dentro da mesma divisão são empacotados como um conjunto de ficheiros numerados, de modo a que os registos de uma única divisão possam estar contidos numa série de muitos ficheiros.

3.3.12. Apresentação das sequências no GenBank e BOLD:

BanKit:

Ao introduzir uma submissão Bankit (http://www.ncbi.nlm.nih.gov/), o utilizador é questionado sobre o comprimento da sequência de nucleótidos a submeter. Um browser da Web que suporte JavaScript. Registo através do sistema de início de sessão My NCBI.

> O formulário seguinte do Banklt é simples: pergunta sobre a pessoa de contacto (o indivíduo a quem o pessoal da base de dados pode dirigir quaisquer perguntas), as citações (quem recebe o crédito científico), o organismo (os 100 principais organismos estão no formulário; todos os outros têm de ser digitados), a localização (nuclear vs. organelo), alguma informação sobre o mapa e a própria sequência de nucleótidos. No final do formulário, existe um botão Banklt, que abre o formulário seguinte.

> Os dados de sequências podem ser cortados e colados como texto ou carregados como ficheiro (as sequências múltiplas devem estar num formato FASTA).

> Data de divulgação pública (imediata ou numa data futura especificada).

> Informações básicas (autores e um título de trabalho) para um artigo de referência correspondente.

> Nome(s) do(s) organismo(s) a partir do(s) qual(is) os dados da sequência foram isolados e quaisquer outros dados descritivos relacionados.

> Foram incluídos os nomes e as sequências dos iniciadores de avanço e de retrocesso.

> Foi preparada uma tabela delimitada por tabulação dos dados do modificador de origem para o conjunto.

> Um ficheiro de texto do conjunto de sequências de proteínas em formato FASTA (opcional).

> Um arquivo comprimido que contém os traços (opcional).

> Nesta altura, é feita alguma validação e, se algum dos campos necessários não tiver sido preenchido, o formulário é novamente apresentado. Se tudo estiver bem, o próximo formulário pergunta quantas funcionalidades devem ser adicionadas e pede ao utilizador que indique os seus tipos. Se não tiverem sido adicionados quaisquer elementos, o Banklt emite um aviso e pede a confirmação de que não será adicionado qualquer CDS à submissão. O utilizador pode dizer não (zero novos CDSs) ou aproveitar a oportunidade para adicionar um ou mais CDSs. Para começar a guardar um registo, prima novamente o botão do Banklt.

> A vista que aparece agora tem de ser aprovada antes de a submissão estar concluída; ou seja, podem ser feitas mais alterações ou podem ser acrescentadas outras funcionalidades. Para terminar, prima Banklt mais uma vez. Aparecerá então o ecrã final; depois de o utilizador alternar o conjunto de botões Update/Finished (Atualizar/Concluído) e premir Banklt uma última vez, a submissão será enviada para o NCBI para processamento.

> O BanKit pode agora anotar características lendo um ficheiro simples delimitado por tabulação que especifica a localização e o tipo de cada caraterística. A primeira linha começa com

> Características, um espaço e o identificador de sequência da sequência. A tabela é composta por cinco colunas: início, paragem, chave da caraterística, chave do qualificador e valor do qualificador. As colunas são separadas por caracteres de tabulação. A primeira linha de uma determinada caraterística tem início, paragem e chave da caraterística. Os intervalos de características adicionais têm apenas início e paragem.

3.3.13. Projeto BOLD:

O Barcode of Life Data System (BOLD) é um banco de trabalho informático que auxilia a aquisição, o armazenamento, a análise e a publicação de registos de códigos de barras de ADN. O BOLD envolve atualmente mais de 65 000 linhas de código combinado escrito em Java (para lógica comercial e análise ligeira), C++ (para análise pesada) e PHP (para o front end). Mais pormenores sobre a conceção da aplicação e a estrutura da base de dados são fornecidos noutro local, enquanto uma introdução interactiva à BOLD está disponível em

http://www.barcodinglife.org/docs/boldtutorial.html.

Para incorporar os dados dos códigos de barras no sistema de gestão e análise (MAS), deve ser criado um projeto. Podemos obter a capacidade de criar projectos registando-nos como utilizadores BOLD através do preenchimento de um pequeno formulário online (http://www.barcodinglife.org/ views/newuserapp.php). Uma vez estabelecido um projeto, apenas dois elementos de dados são necessários para injetar cada registo de espécime - um número de identificação da amostra e uma atribuição taxonómica (embora esta última possa ser simplesmente ao nível do filo). No entanto, o registo do espécime não ganhará o estatuto de código de barras formal até que sete elementos de dados estejam presentes:

> Nome da espécie (embora este possa ser provisório).

> Dados do voucher (número de catálogo e instituição que o armazena).

- Registo de recolha (coletor, data e local de recolha com coordenadas GPS).
- Identificador do espécime.
- Sequência COI de, pelo menos, 500 pb.
- Primers da reação em cadeia da polimerase (PCR) utilizados para gerar o amplicon.
- Ficheiros de rastreio.

3.3.14. Pesquisa de semelhanças: BLASTn e BOLD-IDs:

Os peritos em bioinformática desenvolveram algoritmos "heurísticos" que permitem pesquisar uma base de dados em muito menos tempo. O mais aceite é o Basic Local Alignment Search Tool (BLAST), em que a percentagem de semelhança das sequências de ADN ou de proteínas resultantes é analisada através do BLAST (http://www.ncbi.nlm.nih.gov/blast/), sendo apresentada uma alternativa entre os diferentes programas BLAST através de diferentes hiperligações (nucleotide blast, protein blast, blastx, tblastn, tblastx, etc.). Neste estudo, foram pesquisadas sequências de nucleótidos (nucleotide blast) e de proteínas (protein blast). Como sequências de consulta no BLAST de nucleótidos (BLASTn), foram utilizadas no formato FASTA ou Accession No. Também seleccionámos megablast no cabeçalho de seleção do programa, que optimizou a pesquisa de sequências altamente semelhantes e clicámos no botão Blast para iniciar a pesquisa. A saída da pesquisa megabalst contém uma tabela com sequências que produzem alinhamentos significativos. Também podemos utilizar as identificações BOLD no sistema BOLD para a pesquisa de semelhanças.

3.3.15. Alinhamento de sequências:

CLUSTAL:

O software mais comummente utilizado para o alinhamento progressivo é o CLUSTALX (Thompson et al. 2002). Estes programas são idênticos entre si em termos de método de alinhamento, mas oferecem uma interface de texto simples (ClustalW), adequada para tarefas de elevado rendimento, ou uma interface gráfica (ClustalX). O ClustalX e o ClustalW aceitam um conjunto de sequências de entrada e efectuam automaticamente todo o procedimento de alinhamento progressivo. As sequências são alinhadas em pares para gerar uma matriz de distâncias que foi utilizada para criar uma árvore inicial simples da sequência. Finalmente, o alinhamento de sequências múltiplas é efectuado utilizando a abordagem progressiva.

O ClustalW e o ClustalX estão ambos disponíveis gratuitamente e podem ser descarregados do servidor de ficheiros EMBL/EBI (ftp://ftp.ebi.ac.uk/pub/software/) ou do ICGEB em Estrasburgo, França (ftp://ftp-igbmc.ustrasbg.fr/pub/ClustalW/ e ftp://ftp- igbmc.u-strasbg.fr/pub/ClustalX/). Em todos os casos, o ClustalX (X significa X windows) fornece uma interface gráfica de utilizador com uma apresentação colorida dos alinhamentos. Abra o ClustalX e abra o ficheiro de sequências utilizando Ficheiro → Carregar sequências. O ecrã gráfico permite ao utilizador deslizar sobre as sequências não alinhadas. Seleccione do complete Alignment no menu Alignment. O ClustalX executa o alinhamento progressivo (o progresso pode ser acompanhado no canto inferior esquerdo), e cria um ficheiro de árvore guia de saída e um ficheiro de alinhamento de saída no formato Clustal por defeito. É, no entanto, possível escolher um formato diferente nas Opções de formato de saída do menu Alinhamento. O ClustalX também permite ao utilizador alterar os parâmetros de alinhamento (em Parâmetros de Alinhamento no menu Alinhamento). Se um alinhamento mostrar, por exemplo, demasiadas lacunas grandes, o utilizador pode tentar aumentar a penalidade de abertura de lacunas e refazer o alinhamento. O ClustalX indica o grau de conservação na parte inferior das sequências alinhadas, que pode ser utilizado para avaliar um determinado alinhamento.

3.3.16. Seleção de modelos e análise de sequências:

Para selecionar o melhor modelo, são utilizadas ferramentas estatísticas, designadas por substituição de nucleótidos ou aminoácidos, para estimar as distâncias genéticas entre sequências. Existe uma hierarquia desconcertante de modelos de substituição disponíveis, cada um com um conjunto diferente e específico de pressupostos sobre o processo evolutivo de alteração das sequências. O procedimento de seleção de modelos é apresentado a seguir (Tamura et al. 2011):

> Abra o MEGA 5 e abra o seu conjunto de dados (ficheiro MEG).

> Clique em Model (Modelo) e abra Find Best DNA/ Protein (Encontrar o melhor modelo de ADN/proteína).

> Análise da seleção do modelo O método estatístico da máxima verosimilhança foi selecionado por defeito no programa.

> Os tipos de substituições são alterados de acordo com os critérios, nucleótidos ou proteínas.

> As lacunas/dados em falta são tratados com a opção de eliminação parcial ou completa.

> Aumentar o valor de corte da cobertura do local e selecionar todas as posições de codão.

> Em seguida, calcula para obter o melhor modelo.

Considera-se que os modelos com as pontuações BIC (Critério de Informação Bayesiano) mais baixas descrevem melhor o padrão de substituição. Para cada modelo, o valor AICc

(Critério de Informação de Akaike, corrigido), valor de Máxima Verosimilhança (*lnL*) e o número de parâmetros (incluindo comprimentos de ramos) também são apresentados. A não uniformidade das taxas evolutivas entre locais pode ser modelada utilizando uma distribuição Gama discreta (*+G*) com 5 categorias de taxas e assumindo que uma certa fração de locais é evolutivamente invariável (*+I*). Sempre que aplicável, são apresentadas estimativas do parâmetro de forma gama e/ou a fração estimada de locais invariáveis. Os valores assumidos ou estimados do viés de transição/transversão (*R*) também são mostrados para cada modelo. Seguem-se as frequências nucleotídicas (*f*) e as taxas de substituição de bases (*r*) para cada par de nucleótidos. Os valores relativos de *r* instantâneo devem ser considerados ao avaliá-los. Para simplificar, a soma dos valores de *r* é igual a 1 para cada modelo. Para estimar os valores de ML, foi calculada automaticamente uma topologia de árvore. As posições de codão incluídas foram 1ª+2ª+3ª+Não codificante. Todas as posições com menos de 100% de cobertura do sítio foram eliminadas. Ou seja, foram permitidas menos de 0% de lacunas de alinhamento, dados em falta e bases ambíguas em qualquer posição. As análises evolutivas foram efectuadas em MEGA5.

Para a análise da sequência do código de barras COI, utilizámos geralmente o software MEGA para estimar a distância genética (par a par, média geral, média dentro do grupo, média entre grupos e média líquida entre grupos) entre as espécies, estimar a composição de nucleótidos e aminoácidos, estimar o viés de utilização de códons e construir filogenias (UPGMA, Neighbour Joining, máxima parcimónia).

> **MEGA4.1:**

O Mega4 efectua a inferência de árvores utilizando o programa Mega4 e o ficheiro de entrada deve ter o formato '.meg'. O ficheiro contém sequências de ADN alinhadas em formato mega. Utilizando o Mega4, é possível estimar uma árvore NJ e efetuar o teste de bootstrap de forma automatizada. O programa apresenta a árvore numa nova janela e sobrepõe valores de suporte bootstrap ao longo de cada ramo da árvore. Para estimar uma árvore NJ utilizando distâncias corrigidas por Kimura-2-Parameter (K2P) e efetuar a análise bootstrap em 1000 réplicas, abra o ficheiro de alinhamento no Mega4 e seleccione o submenu Bootstrap Test of Phylogeny > Neighbour-Joining/ Maximum Likelihood/ UPGMA no menu Phylogeny da janela principal do Mega4. Aparecerá a janela Preferências de Análise. Clique no quadrado verde à direita da linha Gaps/missing data e seleccione pairwise deletion (especificando que, para cada par de sequências, apenas as lacunas nas duas sequências que estão a ser comparadas devem ser ignoradas). Do mesmo modo, seleccione na linha Modelo o *parâmetro* Nucleótido *>Kimura-2*. Para definir o número de réplicas bootstrap, clique no separador Teste de filogenia, na parte superior da janela, e introduza 1000 na célula Replicações. Seleccione novamente o separador Resumo das opções e clique no botão Calcular na parte inferior da janela.

Após alguns segundos (ou alguns minutos, dependendo da velocidade do processador de um computador), a árvore NJ com valores de bootstrap aparecerá na janela do Explorador de Árvores. Por padrão, a árvore está enraizada no ponto médio. Se a localização da raiz precisar de ser colocada em qualquer outro ramo da árvore, isso pode ser feito seleccionando o botão superior no lado esquerdo da janela (o botão é indicado por um ícone que representa uma árvore filogenética com um triângulo verde à sua esquerda), colocando o rato no ramo escolhido como a nova raiz e clicando nele: será apresentada uma árvore re-enraizada na mesma janela. Para voltar à árvore enraizada no ponto médio, basta selecionar Root on Midpoint no menu View (Kimura 1980).

> **MEGA5:**

O MEGA5 efectua a inferência de árvores utilizando o programa Mega4 e o ficheiro de entrada deve ter o formato ".meg". O ficheiro contém sequências de ADN alinhadas em formato mega. Utilizando o Mega4, é possível estimar uma árvore NJ e efetuar o teste de bootstrap de forma automatizada. O programa ajudará a selecionar o melhor modelo para análise posterior. Esta nova versão do MEGA ajudará a construir uma filogenia de máxima verosimilhança e a testar o relógio molecular com calibração de nós. A filogenia ML construída foi guardada como árvore de Newick ".nwk" para um teste relaxado do relógio molecular. Cada nó da filogenia construída foi calibrado por registos fósseis para obter o tempo exato de divergência evolutiva (MYA) (Tamura et al. 2011).

4. RESULTADOS:

A secção de resultados contém três capítulos e quatro rubricas, incluindo dados do laboratório húmido e do laboratório seco.

O **primeiro capítulo "Morphology based inventory of turtle and tortoise from east and NE India"** contém os habitats, o padrão de distribuição e a história de vida das espécies de tartarugas e cágados visadas neste programa de investigação de quatro anos. Este capítulo inclui também várias características morfológicas e ontológicas misteriosas dos taxa experimentais. Este capítulo incluiu algumas características-chave observadas de espécimes vivos de quelónios do leste e do nordeste da Índia, representadas adicionalmente num subtítulo.

O **segundo capítulo, "Validação do estatuto taxonómico de diferentes Testudines através do marcador *mtcoi*"**, abrangeu principalmente trabalhos laboratoriais em meio húmido, nomeadamente o isolamento do ADN, a PCR e a sequenciação das espécies experimentais. O projeto criado nas bases de dados NCBI e BOLD para partilhar globalmente os dados gerados e as características da sequência também foram incluídos neste segundo capítulo. Além disso, este capítulo incluiu o resultado da identificação, a discriminação haplotípica por SNPs estudados e a variação de aminoácidos entre as espécies encontradas nas regiões visadas, em dois subtítulos.

O **terceiro capítulo "Traços genómicos, divergência genética e relação filogenética entre a tartaruga indiana e outros representantes globais"** contém o parâmetro Kimura-2 (K2P), a máxima verosimilhança composta (MCL) e a distância *p* e a estimativa da diferença entre os códigos de barras dos taxa estudados. Este último capítulo também inclui Neighbour-Joining (NJ), revisão cladística de máxima verosimilhança, incluindo teste de modelo e tempo de divergência aproximado por relógio molecular relaxado das espécies de tartarugas e cágados existentes, incluídos num subtítulo. No seu conjunto, esta parte dos resultados sublinha de forma exaustiva que os marcadores moleculares *COI*, conhecidos como códigos de barras de ADN, são muito úteis para discriminar as tartarugas e cágados em comparação com os métodos taxonómicos tradicionais.

CAPÍTULO-1:

4.1. INVENTÁRIO MORFOLÓGICO DE TARTARUGAS E CÁGADOS DO LESTE E DO NORTE DA ÍNDIA:

Um inquérito exaustivo efectuado em diferentes mercados, bem como na natureza, permitiu identificar um total de 17 espécies de 3 famílias das regiões do leste e do nordeste da Índia. A distribuição comum por estado foi de 2 espécies (*Nilssonia gangetica* e *Nilssonia nigricans*) em Assam e Tripura, 1 espécie (*Lissemys punctata*) em Tripura e Bengala Ocidental, 1 espécie (*Cyclemys gemeli*) em Assam e Mizoram. No entanto, não se registou qualquer ocorrência entre Assam e Bengala Ocidental, Mizoram e Tripura, e Mizoram e Bengala Ocidental. Só o estado de Assam alberga 9 espécies, Tripura alberga 6 espécies, Mizoram alberga 5 espécies, enquanto uma única espécie foi registada em Bengala Ocidental. O estado de Mizoram é a única região em que se registou um total de 3 espécies de tartarugas terrestres, nomeadamente *Manouria emys*, *Indotestudo elongata* e *Indotestudo forstenii* (quadro 4). Foram recolhidas muitas amostras de carne em diferentes mercados de Assam, Tripura e Bengala Ocidental. Os diferentes tipos de ameaças que afectaram as espécies são apresentados na Fig. 6. Observámos alguns instrumentos como ganchos para caçar as espécies de quelónios. A maior parte das tartarugas de carapaça mole são afectadas na área comercializada. A Fig. 7 mostra vários habitats adequados para diferentes tartarugas e cágados. Na maior parte das estações do ano, a tartaruga terrestre prefere viver em ambientes terrestres. Os habitats das tartarugas são constituídos por várias árvores proeminentes e por moitas de bambu que lhes proporcionam sombras abundantes. Muitas tocas artificiais foram equipadas com vários esconderijos/abrigos, detritos de folhas e pequenos reservatórios pouco profundos para beber ou mergulhar. Estes habitats foram mantidos de modo a permitir a exposição à luz solar durante pelo menos 2 ou 3 horas por dia. Foi oferecido às tartarugas terrestres um regime alimentar suplementar uma ou duas vezes por semana, com base na taxa de consumo do regime alimentar no jardim zoológico de Aizawl, Mizoram. O regime alimentar suplementar inclui vegetais de folha, couve, rizoma de bambu e frutos, etc. Os suplementos de vitaminas ou minerais foram ligeiramente espalhados na comida semanalmente; não foi utilizado qualquer aditivo adicional de cálcio. Todas as informações relacionadas com a alimentação, a reprodução e as actividades comportamentais destas tartarugas foram registadas a partir da declaração da direção do jardim zoológico através de comunicações pessoais. A tartaruga de carapaça dura vive em sistemas ecológicos semi-aquáticos. Na maior parte do tempo, permanecem debaixo de água, mas passam algum tempo em terra para pôr ovos e para se aquecerem. Esta investigação levou à documentação de algumas características morfológicas ambíguas de várias tartarugas e cágados encontrados nas regiões leste e nordeste. Por vezes, os padrões de cor da carapaça são muito semelhantes para distinguir a tartaruga nas suas diferentes fases de vida: neonata, juvenil ou adulta.

A Nilssonia *hurum* e a *Nilssonia nigricans* apresentam por vezes um padrão semelhante ao de um pavão na carapaça, mas *a Nilssonia nigricans* parece por vezes mais negra do que a *Nilssonia hurum* (Fig. 8). Os *Lissemys punctata* provenientes de regiões geográficas distantes dos Estados de Bengala Ocidental e Tripura apresentaram padrões de coloração da carapaça diferentes (Fig. 9). *A Lissemys punctata* recolhida na região da Índia Oriental não apresenta manchas na carapaça, mas a mesma espécie recolhida no Nordeste da Índia apresenta manchas amarelas na carapaça. Os outros grupos de tartarugas de carapaça dura (Geoemydidae) também apresentam uma variação de cor muito interessante nas diferentes espécies.

Quadro 4: Avaliabilidade da tartaruga e do cágado em diferentes estados do elenco e do NE da Índia.

Species	WB	AS	TR	MZ
Manouria emys				■
Indotestudo elongata				■
Indotestudo forstenii				■
Pangshura tentoria		■		
Pangshura sylhetensis			■	
Cuora amboinensis		■		
Cuora mouhotii		■		
Geoclemys hamiltonii		■		
Pangshura tecta			■	
Cyclemys gemeli		■		■
Melanochelys trijuga		■		
Nilssonia gangetica		■	■	
Chita indica		■		
Lissemys punctata	■		■	
Nilssonia nigricans		■	■	
Amyda cartilaginea				■
Nilssonia hurum			■	

WB= Bengala Ocidental, AS= Assam, TR= Tripura, MZ= Mizoram. A ocorrência de uma espécie numa área estatal é assinalada a cores, enquanto o espaço em branco indica a sua ausência noutra área estatal.

Algumas das espécies de *Cyclemys gemeli* possuem diferentes tipos de cor de carapaça devido à variação do seu habitat. Mas encontrámos *Coura mouhotii*, a tartaruga de caixa com quilha, com dois tipos de cor na carapaça; por vezes torna-se vermelho acastanhado e outras vezes amarelo (Fig. 10). Encontram-se três tartarugas terrestres nas regiões de elevada altitude do NE da Índia. Encontrámos 3 tipos diferentes da espécie *Manouria emys* no estado de Mizoram. As estruturas do plastrão apresentam padrões diferentes em alguns indivíduos de *Manouria emys.* O escudo peitoral está por vezes ligado e muito próximo da linha média e, por vezes, apresenta-se muito afastado (Fig. 11). A tartaruga amarela alongada, *Indotestudo elongata,* e a tartaruga de forsterns, *Indotestudo forstenii, foram* encontradas na região estudada. *O Indotestudo elongata* possui escamas nucais longas e estreitas, mas parece largo na extremidade posterior e a carapaça, por vezes, é negro-escura. A sutura inter-humoral é sempre mais longa do que o comprimento da sutura interpeitoral e a relação é de 0,87 (Fig. 12). Encontrámos *Indotestudo forstenii* sem escamas nucais e a sutura inter-humoral é sempre mais curta do que o comprimento da sutura interpectoral e a relação é de 1,66 (Fig. 12).

Figura 6: Diferentes tipos de ameaças que afectam as espécies de Chclonian encontradas nos diferentes mercados e capturadas para comércio.

(A) Habitats naturais da tartaruga (Tcstudinidac) em regiões terrestres e, por vezes, semi-aquáticas.

(B) Tartaruga de casco duro (Gcocmydidac) com os seus habitats naturais na região NE.

(C) Habitats naturais da tartaruga softshcll (Trionychidac) nos diferentes cursos de água e zonas húmidas.

Figura 7: Habitats selvagens dignos de nota para tartarugas e cágados encontrados em diferentes regiões geográficas do cast e do NE da Índia.

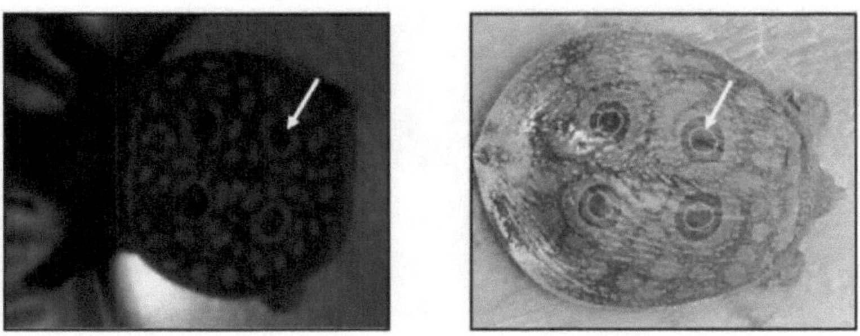

Figura 8: Padrão de coloração da carapaça semelhante (marcação tipo pavão) de *Nilssonia hurum* e *Nilssonia nigricans, representado* pela seta.

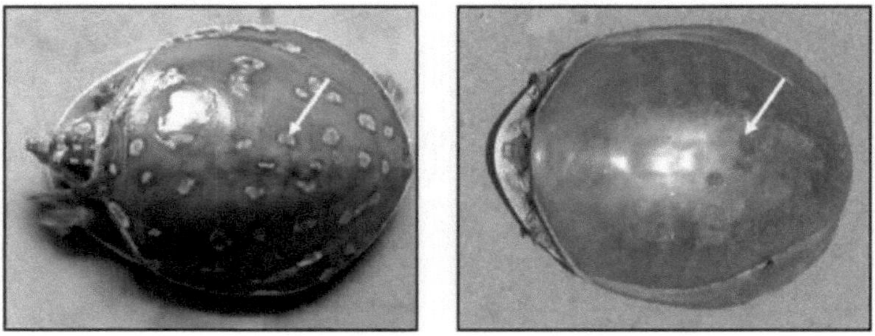

Figure 9: A seta mostra as diferentes variações de cor da carapaça das espécies de *Lissemys punctata* recolhidas no cast e no NE da Índia.

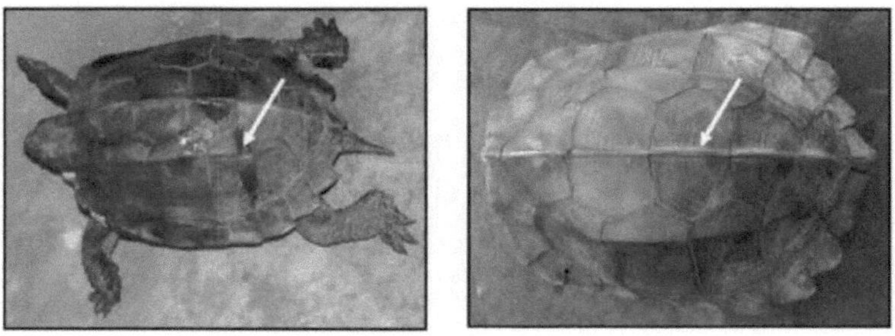

Figure 10: A seta mostra as diferentes variações de cor da carapaça da tartaruga de quilha, *Coura mouhotii.*

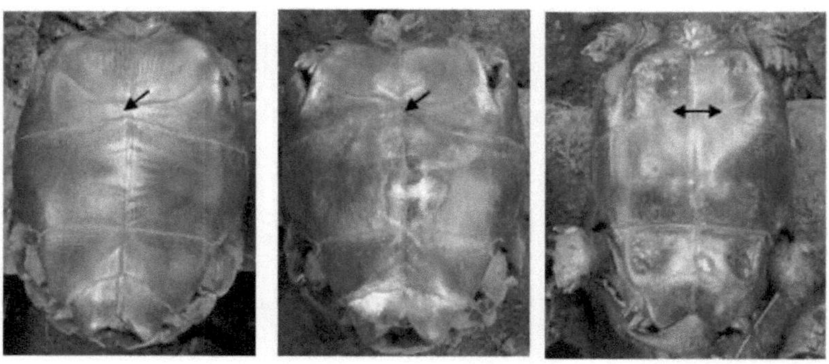

Figure 11: : Três padrões diferentes de plastrão de *Manouria emys* encontrados no NE da Índia. A seta preta mostra o arco das escamas peitorais unido e tocando a linha média (esquerda), o arco das escamas peitorais estreitamente margando com a linha média (meio) e o arco das escamas peitorais muito afastado um do outro (direita).

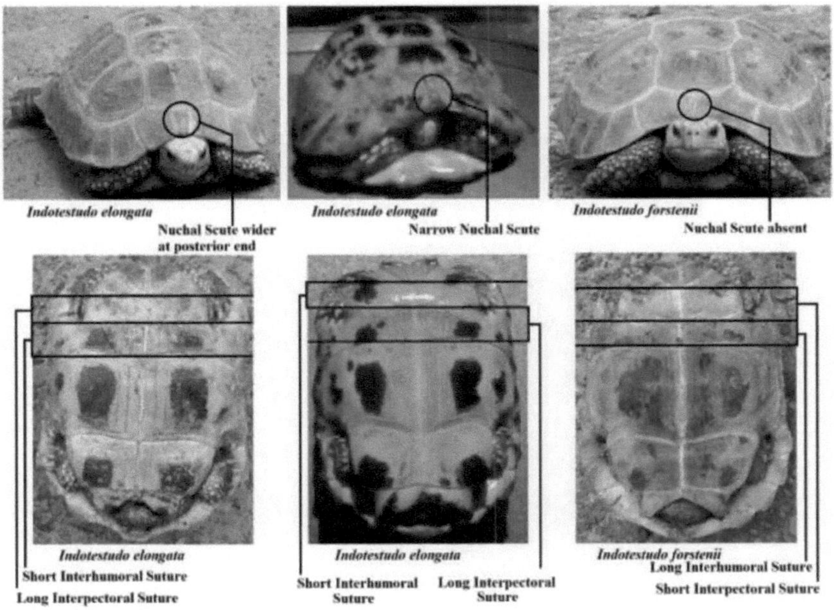

Figure 12: Diferentes tipos de padrão de carapaça e plastrão dos grupos de Indotcstudo. Indotcstudo clongata (Esquerda e Meio) mostra uma escama nucal longa e estreita (por vezes mais larga na extremidade posterior) e Indotcstudo forstcnii (Direita) sem escama nucal.

Características-chave dos quelónios vivos para uma eventual identificação das espécies:

(A) Membros anteriores com dedos distintos; concha coberta de pele; maxilar inferior córneo escondido sob lábios carnudos; três garras em cada membro; totalmente aquático (Fig. 13).

(A1) Cabeça com uma larga mancha esverdeada ou amarelada por detrás de cada olho; na carapaça existe uma marca semelhante a um pavão: ***Nilssonia hurum*.**

(A2) Cabeça sem uma mancha larga de cor clara atrás de cada olho; carapaça com padrão de linhas tortas, lábio superior não pálido: ***Nilssonia gangetica*.**

(A3) Cabeça enegrecida; lábio superior pálido; marca de pavão presente na carapaça; cor mais enegrecida: ***Nilssonia nigricans***.

(A4) Cabeça esverdeada; pontos amarelados atrás dos olhos e cobrindo a parte superior da cabeça; lábio superior não pálido; por vezes, na carapaça, uma marca semelhante a um pavão: ***Amyda cartilaginea***.

(A5) Cabeça estreita; olhos muito próximos do focinho; pescoço geralmente marcado por largas faixas dorsais, cujo par médio se une para formar uma marca em forma de "V" na parte posterior da cabeça; carapaça normalmente plana: ***Chitra indica.***

(A6) Abas femorais cutâneas ou semelhantes a pele no plastrão; manchas amarelo-esverdeadas presentes na carapaça: ***Lissemys punctata andersonii***; carapaça sem manchas: ***Lissemys punctata punctata***.

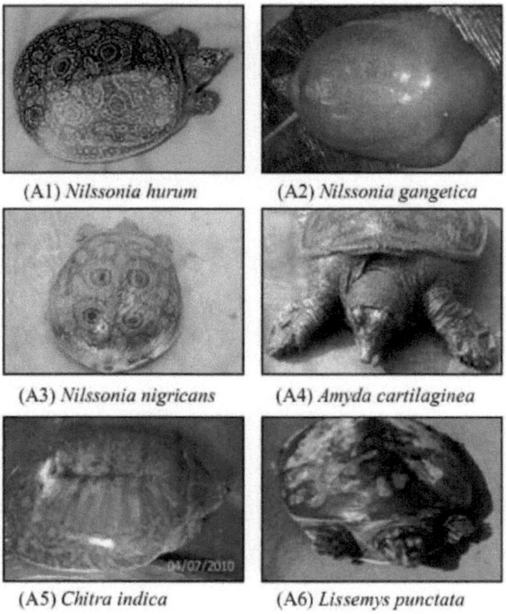

(A1) *Nilssonia hurum* (A2) *Nilssonia gangetica*

(A3) *Nilssonia nigricans* (A4) *Amyda cartilaginea*

(A5) *Chitra indica* (A6) *Lissemys punctata*

Figure 13: Nas regiões estudadas, encontram-se seis espécies diferentes de tartarugas de carapaça mole.

(B) Concha coberta de escamas; maxilar inferior córneo exposto sem lábios carnudos; cinco garras em cada membro; escamas grandes e bem definidas geralmente evidentes no focinho e entre os olhos; membros posteriores grandes com dedos relativamente curtos; sem teias; totalmente terrestres (Fig. 14).

(B1) Marginal XII dividido; concha sem padrão, carapaça negro-acastanhada: ***Manouria emys***; escudos peitorais amplamente separados: ***Manouria emys emys; escamas peitorais*** unidas com linha média mantida com fenda: ***Manouria emys phayrei; escudos peitorais*** completamente ligados: **Novos indivíduos de *Manouria emys*.**

(82) Membros anteriores com cinco garras; concha de contorno alongado ou oval; Marginal XII inteira; concha com padrão de manchas; cervical presente; ponto mais alto da concha na

vértebra III; escamas nucais longas e estreitas presentes, às vezes as escamas nucais são mais largas na extremidade posterior, a sutura inter-humoral é mais curta do que a sutura interpectoral: ***Indotestudo elongata***.

(83) As suturas inter-humorais são mais compridas do que as suturas inter-pectorais; ausência de escamas nucais; a carapaça é, por vezes, mais negra: ***Indotestudo forstenii***.

(B1) *Manouria emys* (B2) *Indotestudo elongata* (B3) *Indotestudo forstenii*

Figura 14: Fotografias de três espécies diferentes de tartarugas encontradas nas regiões estudadas.

(C) Pleural I contacta com o marginal V/ Pleural I termina no marginal IV; plastrão solidamente unido à carapaça por uma sutura óssea pelo menos na metade anterior da ponte; plastrão completamente unido à carapaça por ligamentos flexíveis; vertebrais II e III mais compridos do que largos/ vertebrais II e III mais largos do que compridos, ou tão largos como compridos; preferem tanto o meio aquático como o terrestre (Fig. 15).

(C1) Carapaça com padrão de manchas e linhas brilhantes (amarelas, pretas) sobre fundo escuro; bordo posterior da carapaça fortemente serrilhado (nos juvenis): ***Geochemys hamiltonii***.

(C2) Carapaça sem padrões (quilhas amarelas ou cor de chifre presentes); bordo posterior da carapaça não serrilhado: ***Melanochelys trijuga***.

(C3) Margem posterior da carapaça lisa; cabeça com riscas faciais amarelas proeminentes; plastrão com charneira completamente desenvolvida: ***Cuora amboinensis***.

(C4) Carapaça nitidamente achatada dorsalmente, vertebrado III muito mais largo do que comprido (comprimento <75% da largura); charneira plastral transversal completamente desenvolvida; plastrão amarelo centralmente com uma série de manchas escuras que se podem juntar para formar uma linha escura contínua: ***Cuora mouhotii***.

(C5) V vertebral mais largo na metade anterior da escápula; geralmente 13 pares de marginais; as posteriores são fortemente serrilhadas (especialmente nos juvenis): ***Pangshura sylhetensis***.

(C6) Cabeça com um par de largas faixas alaranjadas ou vermelhas em forma de crescente, que se curvam para cima a partir de trás de cada olho, fundindo-se frequentemente umas com as outras para formar um V invertido na parte posterior da cabeça; o padrão plastral consiste em múltiplas pequenas manchas em cada escudo: ***Pangshura tecta***.

(C7) O padrão da cabeça carece de bandas largas em forma de crescente, estando frequentemente presentes uma ou duas manchas pós-oculares avermelhadas a acastanhadas; plastrão com uma única mancha escura grande por escudo ou sem padrão: ***Pangshura tentoria***.

(C8) Carapaça sem padrão (amarelo); bordo posterior da carapaça não serrilhado; padrões cromáticos semelhantes aos dos raios presentes na carapaça e no plastrão: ***Cyclemys gemeli.***

(C1) *Geoclemys hamiltonii*

(C2) *Melanochelys trijuga*

(C3) *Cuora amboinensis*

(C4) *Cuora mouhotii*

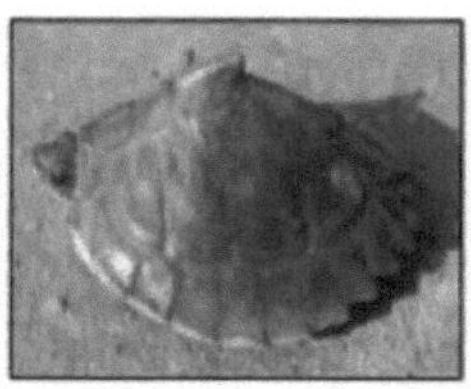

(C5) *Pangshura sylhetensis*

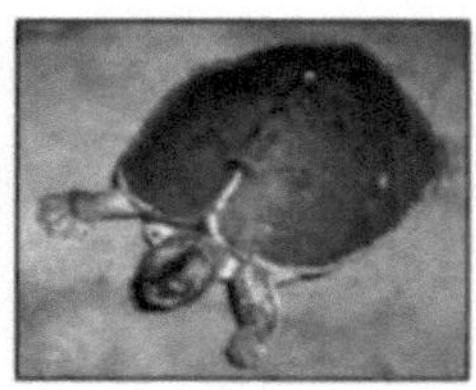

(C6) *Pangshura tecta*

(C7) *Pangshura tentoria*

(C8) *Cyclemys gemeli*

Figure 15: Recolha de oito tipos diferentes de espécies de tartarugas de carapaça dura encontradas nas regiões estudadas.

Capítulo 2:

4.2. VALIDAÇÃO DO ESTADO TAXONÓMICO DE DIFERENTES TESTUDINOS ATRAVÉS DO MARCADOR *mtCOI*:

O primer para peixes publicado no formato forword e reverse mostra uma identidade de 94% e 100% com a tartaruga de carapaça mole (*Lissemys punctata*), 95% e 91% com a tartaruga de carapaça dura (*Cuora amboinensis*) e 100% e 91% com o gene *COI* completo da tartaruga (*Manouria emys*) por análise in silico (Fig. 16). A identificação correcta por abordagens baseadas em marcadores moleculares é atualmente muito fiável. O ADN genómico foi extraído de todas as 60 amostras de tartarugas e cágados e a qualidade do ADN é claramente visualizada em gel de agarose (Fig. 17). Todas as amostras continham aproximadamente 10-20 ng de ADN. O par de iniciadores selecionado amplificou com êxito as regiões-alvo do código de barras (~ 650 pb) de todas as amostras de tartarugas e cágados (Fig. 18).

Após a sequenciação bidirecional dos produtos amplificados, verificámos minuciosamente as sequências desenvolvidas a partir do cromatograma e removemos o possível sítio NUMTS de cada sequência. Acumulámos as sequências de complemento inverso a partir das sequências directas ou das sequências inversas. O alinhamento das sequências forward com o complemento reverso das sequências reverse ou o alinhamento das sequências reverse com o complemento reverso das sequências forward fornece sequências completas de códigos de barras de comprimento total (Fig. 19). As sequências de códigos de barras desenvolvidas não continham quaisquer codões de paragem ou quaisquer lacunas de alinhamento. Todas as sequências foram

Submetido no GenBank e pode ser acedido em

http://www.ncbi.nlm.nih.gov/nuccore/?term=Kundu+S%2C+Ghosh+SK%2C+Assam+University.

As sequências foram também submetidas na base de dados BOLD através da criação de um projeto intitulado "DNA Barcoding of Turtle and Tortoise of Northeast India" e código: SSTTN (Fig. 20). A Tabela 5 mostra as características abrangentes da sequência de todas as sequências estudadas (n=60). Após o alinhamento com o ClustalX, o total de 621 pb foi analisado e encontrámos o máximo de sítios conservados (468) nos membros da família Testudinidae em comparação com outras duas famílias; Trionychidae (tartaruga de carapaça mole) (423) e Geoemydidae (tartaruga de carapaça dura) (385).

Além disso, observámos que a família Geoemydidae tem mais sítios de nucleótidos parcimoniosos (207) e a família Testudinidae (tartaruga) tem mais sítios de nucleótidos singulares (36). A família Trionychidae possui o máximo de sítios de aminoácidos conservados

(195) entre o total de 207 sítios. A família Testudinidae tem o máximo de sítios de aminoácidos parsim-informativos (24) e a família Geoemydidae tem o máximo de sítios de aminoácidos singleton (12). No conjunto total de dados, encontrámos 381, 383 e 385 "0-fold degenerate sites"; 90, 88 e 93 "2-fold degenerate sites" e 100, 104 e 106 "4-fold degenerate sites" entre os Trionychidae, Geoemydidae e Testudinidae, respetivamente.

Os quadros 6 e 7 mostram os resultados da identificação de códigos de barras através de BLASTn no GenBank e BOLD-IDs na base de dados BOLD das espécies de tartarugas softshell identificadas. A maioria das sequências desenvolvidas em 19 amostras de carne desconhecida revelou correspondências de identidade definitivas na ordem dos 98% - 100% com as sequências de referência. Além disso, estas sequências também revelaram 88%- 93% de correspondências com os primeiros congéneres NN (vizinhos mais próximos) e 86%- 92% de correspondências com os segundos congéneres NN ou outros géneros irmãos. No entanto, as outras sequências (JN416992.1 e KC311377.1) revelaram 97% - 99% de identidade com *Chitra chitra* no GenBank e 97% - 100% de identidade com *Chitra indica* na base de dados BOLD.

As sequências (JN416994.1, JN417000.1 e JN417001.1) de *Nilssonia nigricans* apresentaram 96% de identidade inconclusiva com *Nilssonia hurum* em ambos os BLASTn e BOLD-IDs. No entanto, estas três sequências recentemente desenvolvidas a partir de amostras de carne e de amostras vivas de *Nilssonia nigricans* apresentaram uma identidade de 100% entre si.

As tabelas 8 e 9 mostram que as seis tartarugas de carapaça dura revelaram uma identidade definitiva de 96% a 100% com as sequências de referência disponíveis nas bases de dados. Estas sequências também apresentam 85%-96% de correspondência com os primeiros congéneres NN e 85%-94% de correspondência com os segundos congéneres NN ou outros géneros irmãos. As 3 sequências de *Cyclemys gemeli* (JN860219.1, KC354722.1, KC354723.1e JN860218.1) apresentam 92%- 93% de identidade com os outros congéneres *Cyclemys atripons* e *Cyclemys dentata*. Verificámos que as outras 2 sequências de *Pangshura sylhetensis* apresentam 93%- 94% de identidade com os congéneres *Pangshura smithii*.

O quadro 10 mostra os resultados abrangentes da identificação com base nos bancos de dados GenBank e BOLD, bem como o estatuto atual das espécies de tartarugas indianas. As sequências desenvolvidas de *Manouria emys* apresentaram 97% de identidade com as sequências de referência e 91% de semelhança com as suas congéneres de NN simples, *Manouria impressa*. As 2 sequências de *Manouria emys* apresentaram ainda 89%-90% de identidade com *Geochelone denticulata*. As outras 9 sequências dos géneros *Indotestudo* apresentam resultados de identidade muito ambíguos. As 2 espécies viz., *Indotestudo elongata* (JN794082.1, JN794083.1,

JX049141.1, KC354719.1, KC354720.1 e KC354721.1) mostram 96% a 99% de identidade mais próxima com *Indotestudo elongata* disponível em bases de dados.

Além disso, estas 6 sequências apresentam 97% a 99% de identidade com os primeiros congéneres NN e 94% a 97% de identidade com os segundos congéneres NN. As outras sequências morfologicamente identificadas de *Indotestudo forstenii* (JX049140.1, KC354731.1 e KC354732.1) apresentam uma identidade de 95% a 97% com os 3 congéneres nomeados *Indotestudo elongata, Indotestudo travancorica* e *Indotestudo forstenii.*

As frequências de nucleótidos são anotadas para todas as espécies de *quelónios* encontradas no leste e no nordeste da Índia (Fig. 21). Entre as 3 posições de códão do conjunto total de dados, os padrões médios de composição de nucleótidos são diferentes e a terceira posição de códão tem mais (66,7%) de área de riqueza de adenina (A) - timina (T) em comparação com outras posições de códão (primeira posição de códão - 46 e segunda posição de códão - 56,5). Além disso, verificámos que a primeira posição do códão tem mais (53,9%) de Guanina (G) - Citosina (C) em comparação com outras posições do códão (Segunda posição do códão - 43,1 e Terceira posição do códão - 33).

> Discriminação de haplótipos por SNPs de diferentes regiões geográficas:

As espécies de tartarugas terrestres (Testudinidae) estudadas apresentam muitos polimorfismos de nucleótido único (SNP) específicos da espécie. Os membros do género *Nilssonia* viz., *Nilssonia hurum* (n=5), *Nilssonia nigricans* (n=3) e *Nilssonia gangetica* (n=5) apresentam um máximo de 4 locais de SNPs. *Amyda cartilaginea* (n=5), excluindo uma sequência da base de dados (HQ329769.1), apresenta 13 sítios SNP. *Lissemys punctata* (n=11) apresenta apenas 9 sítios SNP, no entanto, *Chitra indica* (n=4) apresenta um máximo de 38 sítios SNP na família Trionychidae (Tabela 11). Muitas espécies (n=7) da família Geoemydidae apresentam apenas uma única sequência nas bases de dados, pelo que não foi possível identificar sítios SNP nessas espécies. A outra tartaruga de casco duro, *Melanochelys trijuga* (n=3) apresenta 4 sítios SNPs, *Geoclemys hamiltonii* (n=4) apresenta 14 sítios SNPs, *Cuora mouhotii* (n=9) apresenta 20 sítios SNPs, *Coura amboinensis* (n=7) apresenta 28 sítios SNPs, *Cyclemys gemeli* (n=4) apresenta 14 sítios SNP, *Pangshura sylhetensis* (n=2) apresenta 11 sítios SNP, *Pangshura tentoria* (n=4) apresenta 5 sítios SNP, mas *Pangshura tecta* (n=2) apresenta zero sítios SNP (Quadro 12).

A *Manouria emys* (n=4) apresenta um número de 19 SNP com os mesmos padrões de substituição, nomeadamente A-G e C-T. Além disso, *Indotestudo elongata* (n=9) e *Indotestudo forstenii* (n=5) apresentam 25 e 33 números de SNP, respetivamente. Devido às sequências únicas de *Geochelon elegans* presentes nas bases de dados, não conseguimos detetar quaisquer SNP dessa espécie em particular. Observámos que existe um número muito reduzido de SNP nas espécies de tartarugas de carapaça mole (Trionychids), exceto na espécie Chitra (Tabela 13).

> Estimativa da variação de aminoácidos entre as diferentes espécies de quelónios:

A substituição mais elevada foi encontrada no grupo não polar (0,03% a 16,16%) em comparação com os outros grupos, polar básico (0,50%-1,94%), polar (1,92%-7,38%) e polar ácido (0,97%-3,41%) (Fig. 22). Ao verificar as suas diferentes posições de códão, verificou-se que a substituição entre os aminoácidos tem, na sua maioria, propriedades semelhantes. A utilização do códão no *COI* dos Testudines indianos, como se pode ver na Tabela 14, mostra claramente um padrão semelhante para os códões com terminação A ou T e com terminação G ou C (16%). A variação na sequência nucleotídica é muito reduzida ao nível dos aminoácidos devido a substituições sinónimas. Os sítios informativos nas sequências do código de barras *COI* podem ser úteis para discriminar todas as espécies de Testudines existentes na Índia. Os padrões de distribuição dos diferentes aminoácidos são muito semelhantes nas três famílias *de quelónios*, mas os sítios variáveis ao nível das espécies são apresentados no quadro 15. Dados derivados da sequência de nucleótidos do GenBank, bem como dados desenvolvidos, e seguem a tabela de tradução mitocondrial de vertebrados. Número total de códons 207. O uso relativo de códons sinônimos (RSCU) é dado entre parênteses.

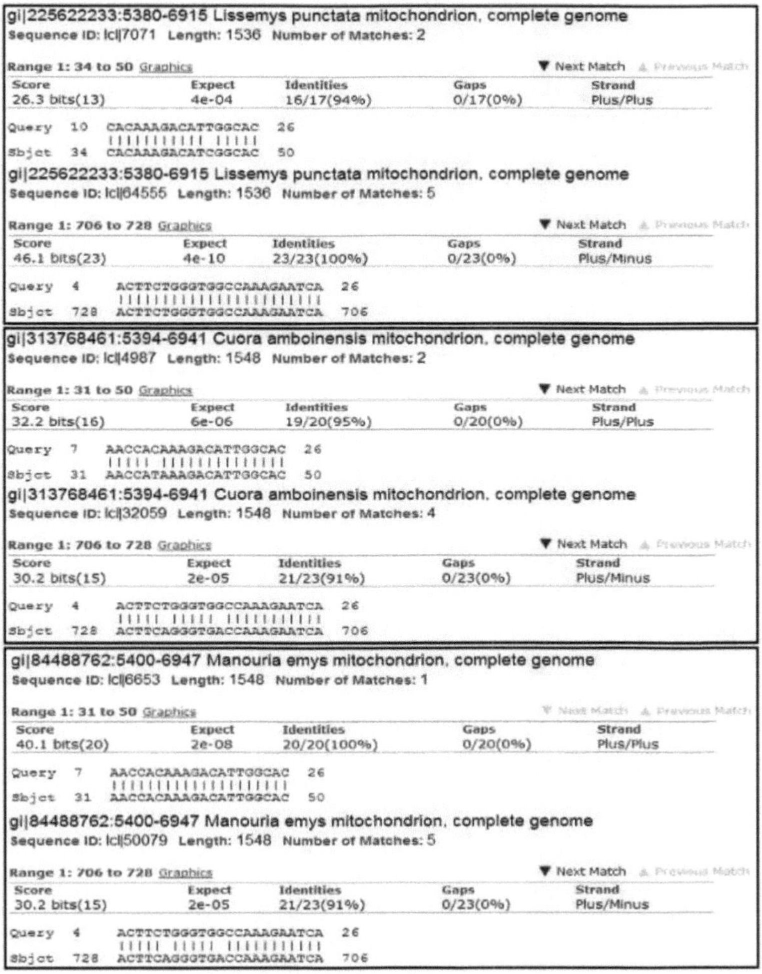

gi|225622233:5380-6915 Lissemys punctata mitochondrion, complete genome
Sequence ID: lcl|7071 Length: 1536 Number of Matches: 2

Range 1: 34 to 50 Graphics ▼ Next Match ▲ Previous Match

Score	Expect	Identities	Gaps	Strand
26.3 bits(13)	4e-04	16/17(94%)	0/17(0%)	Plus/Plus

```
Query  10  CACAAAGACATTGGCAC  26
           ||||||||||| |||||
Sbjct  34  CACAAAGACATCGGCAC  50
```

gi|225622233:5380-6915 Lissemys punctata mitochondrion, complete genome
Sequence ID: lcl|64555 Length: 1536 Number of Matches: 5

Range 1: 706 to 728 Graphics ▼ Next Match ▲ Previous Match

Score	Expect	Identities	Gaps	Strand
46.1 bits(23)	4e-10	23/23(100%)	0/23(0%)	Plus/Minus

```
Query  4    ACTTCTGGGTGGCCAAAGAATCA  26
            |||||||||||||||||||||||
Sbjct  728  ACTTCTGGGTGGCCAAAGAATCA  706
```

gi|313768461:5394-6941 Cuora amboinensis mitochondrion, complete genome
Sequence ID: lcl|4987 Length: 1548 Number of Matches: 2

Range 1: 31 to 50 Graphics ▼ Next Match ▲ Previous Match

Score	Expect	Identities	Gaps	Strand
32.2 bits(16)	6e-06	19/20(95%)	0/20(0%)	Plus/Plus

```
Query  7   AACCACAAAGACATTGGCAC  26
           ||||| ||||||||||||||
Sbjct  31  AACCATAAAGACATTGGCAC  50
```

gi|313768461:5394-6941 Cuora amboinensis mitochondrion, complete genome
Sequence ID: lcl|32059 Length: 1548 Number of Matches: 4

Range 1: 706 to 728 Graphics ▼ Next Match ▲ Previous Match

Score	Expect	Identities	Gaps	Strand
30.2 bits(15)	2e-05	21/23(91%)	0/23(0%)	Plus/Minus

```
Query  4    ACTTCTGGGTGGCCAAAGAATCA  26
            ||||| ||||| |||||||||||
Sbjct  728  ACTTCAGGGTGACCAAAGAATCA  706
```

gi|84488762:5400-6947 Manouria emys mitochondrion, complete genome
Sequence ID: lcl|6653 Length: 1548 Number of Matches: 1

Range 1: 31 to 50 Graphics ▼ Next Match ▲ Previous Match

Score	Expect	Identities	Gaps	Strand
40.1 bits(20)	2e-08	20/20(100%)	0/20(0%)	Plus/Plus

```
Query  7   AACCACAAAGACATTGGCAC  26
           ||||||||||||||||||||
Sbjct  31  AACCACAAAGACATTGGCAC  50
```

gi|84488762:5400-6947 Manouria emys mitochondrion, complete genome
Sequence ID: lcl|50079 Length: 1548 Number of Matches: 5

Range 1: 706 to 728 Graphics ▼ Next Match ▲ Previous Match

Score	Expect	Identities	Gaps	Strand
30.2 bits(15)	2e-05	21/23(91%)	0/23(0%)	Plus/Minus

```
Query  4    ACTTCTGGGTGGCCAAAGAATCA  26
            ||||| ||||| |||||||||||
Sbjct  728  ACTTCAGGGTGACCAAAGAATCA  706
```

Figure 16: Critério de seleção de iniciadores para a amplificação do gene *COI de* tartarugas e cágados através de pares de iniciadores publicados para peixes.

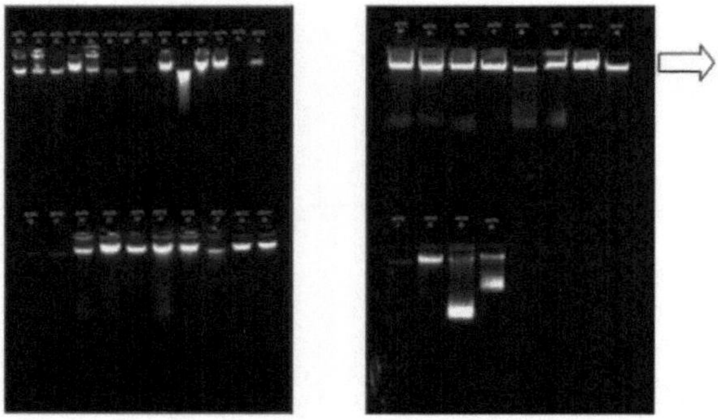

Figure 17: DNA isolado de diferentes tipos de amostras de estudos em gel de agarose.

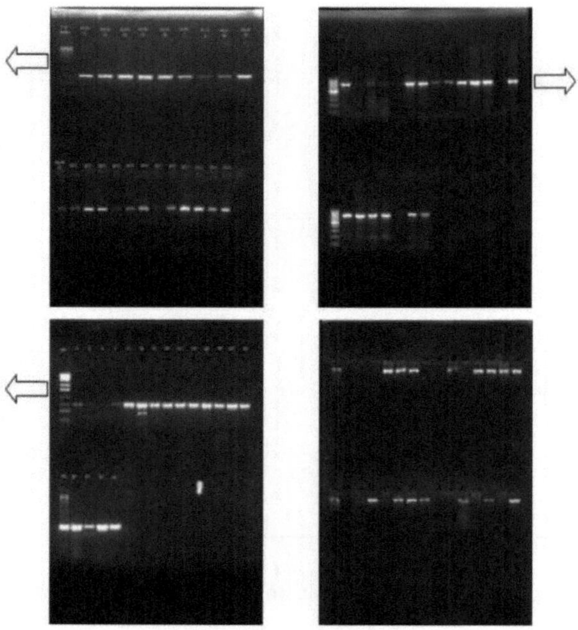

Figure 18: Produto amplificado do segmento *COI* parcial de várias amostras de Tcstudincs.

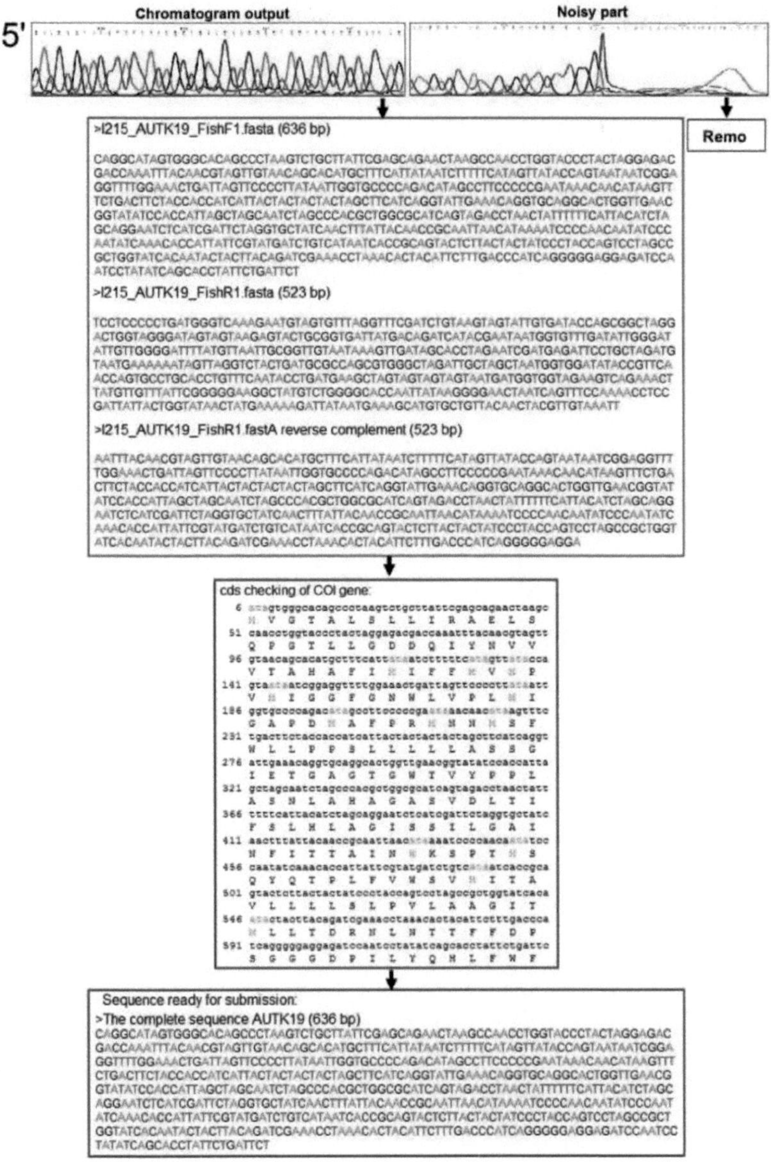

Figure 19: Um exemplo de recuperação das sequências a partir do cromatograma e aquisição das sequências completas para submissão na base de dados.

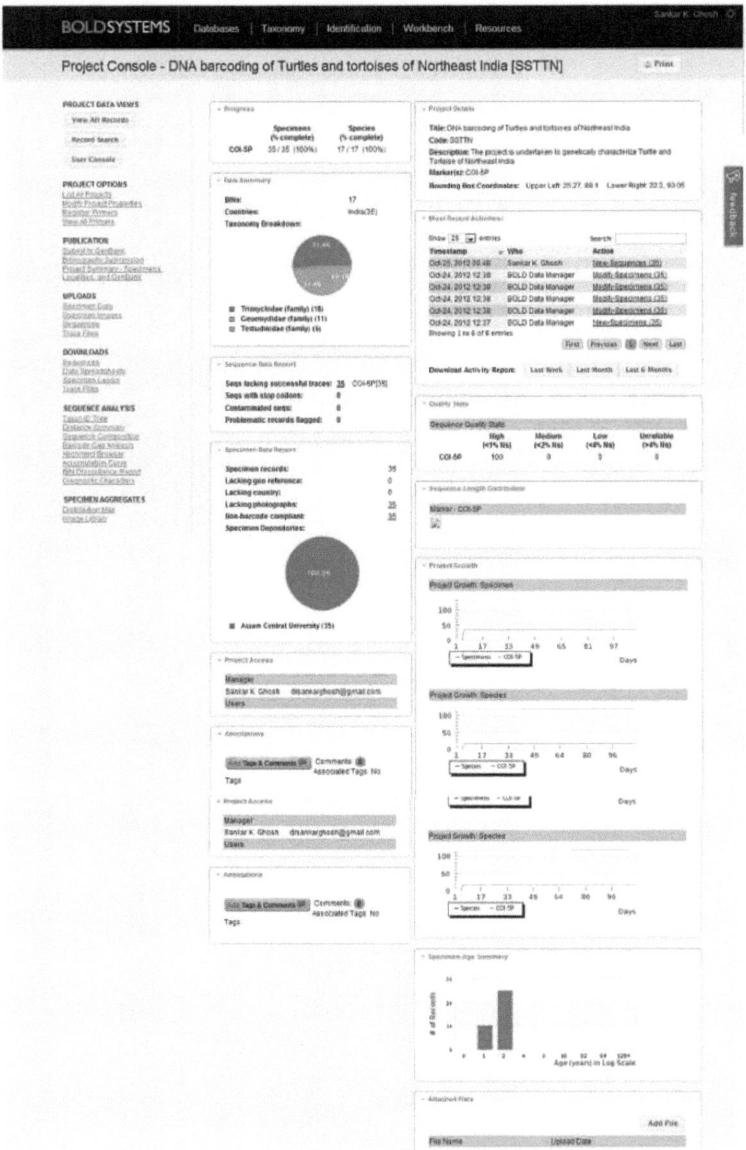

Figure 20: O diagrama pictórico mostra o projeto de código de barras relacionado com o presente trabalho de investigação no sistema BOLD.

Quadro 5: Características da sequência nucleotídica e de aminoácidos de todas as espécies de Tcstudincs da Índia Central e do Nordeste.

Características da sequência	**Trionychidae**	**Geoemydidae**	**Testudinídeos**	Total
Total de sítios de nucleótidos	621	621	621	621
Locais de nucleótidos conservados	423	385	468	329
Sítios de nucleótidos variáveis	198	236	153	292
Sítios de nucleótidos informativos Parsim	175	207	] 17	269
Sítios de nucleótidos isolados	23	29	36	23
Total de sítios de aminoácidos	207	207	207	207
Sítios de aminoácidos conservados	195	174	178	148
Sítios de aminoácidos variáveis	12	33	29	59
Sítios de aminoácidos informativos Parsim	9	21	24	44
Sítios de aminoácidos Singleton	3	12	5	15
O dobrar sítios degenerados	381	383	385	378
2 sítios degenerados	90	88	93	72
4 sítios degenerados	100	104	106	90

Tabela 6: Resultados da identificação de 7 amostras de 6 espécies conhecidas de tartarugas de carapaça mole na base de dados GcnBank.

ID da amostra	**Espécies**	**N.º de acesso**	**Identidade (%)**	**Correspondência mais próxima relacionada para consultar a cobertura** **Espécies**	**Identidade (%)**	**Primeira partida relacionada com a NNN para consultar a cobertura** **Espécies**	**Identidade (%)**	**Segundo jogo NN relacionado para consultar a cobertura** **Espécies**
SGSKD 1	*N. Iiurum*	**GU563918.1**	**100**	*Nilssonia hurum*	**93**	*Nilssonia formosa*	**91**	*Nilssonia gangetica*
SGSKD 4	*C. indica*	**JN416992.1**	**99**	*Chitra chitra*	**94**	*Chitra indica*	**89**	*Pelochelys hibroni*
SGSKD 11	*N. nigricans*	**JN416994.1**	**96**	*NiIssonia hurum*	**92**	*Nilssonia formosa*	**91**	*Nilssonia gangetica*
SGSKD 20	*N. gangetica*	**JN416999.1**	**99**	*Nilssonia gangetica*	**92**	*Nilssonia formosa*	**92**	*Nilssonia hurum*
SGSKD 30	*L.punctata*	**JN 794085.1**	**99**	*Lissemys punctata*	**92**	*Lissemys scutata*	**86**	*Cyclanorbis Senegalensis*
SGSKD 31	*L.punctata*	**JN 794086.1**	**99**	*Lissemys punctata*	**92**	*Lissemys scutata*	**86**	*Cyclanorbis Senegalensis*
SGSKD 93	*A.cartUaginea*	**JX049138.1**	**98**	*Amyda cartilaginea*	**88**	*Nilssonia hurum*	**88**	*Palea Steindachneri*

As letras a negrito indicam os resultados de identificação ambíguos para as espécies *Chitra indica* e *Nilssonia nigricans*. *Chitra indica* apresenta 99% de semelhança com *Chitra chitra* e *Nilsonia nigricans* apresenta 96% de semelhança com outras espécies congéneres *Nilssonia hurum.*

Quadro 7: Resultados da identificação de 19 amostras de carne desconhecida recolhidas em diferentes mercados na base de dados GcnBank.

Sample ID	Species	Accession No.	Closest match related to query coverage		First NN match related to query coverage		Second NN match related to query coverage	
			Identity (%)	Species	Identity (%)	Species	Identity (%)	Species
SGSKD 3	Unknown	KC311376.1	98	*Chitra indica*	96	*Chitra chitra*	89	*Pelochelys bibroni*
SGSKD 5	Unknown	KC311377.1	97	*Chitra chitra*	96	*Chitra indica*	88	*Trionyx triunguis*
SGSKD 10	Unknown	JN416993.1	99	*Nilssonia gangetica*	92	*Nilssonia formosa*	91	*Nilssonia hurum*
SGSKD 12	Unknown	KC311378.1	99	*Nilssonia gangetica*	92	*Nilssonia formosa*	91	*Nilssonia hurum*
SGSKD 13	Unknown	KC311379.1	99	*Nilssonia gangetica*	92	*Nilssonia formosa*	92	*Nilssonia hurum*
SGSKD 14	Unknown	JN416995.1	99	*Lissemys punctata*	92	*Lissemys scutata*	86	*Cyclanorbis senegalensis*
SGSKD 15	Unknown	JN416996.1	100	*Nilssonia hurum*	93	*Nilssonia formosa*	91	*Nilssonia gangetica*
SGSKD 16	Unknown	KC311380.1	100	*Nilssonia hurum*	93	*Nilssonia formosa*	91	*Nilssonia gangetica*
SGSKD 18	Unknown	JN416997.1	99	*Lissemys punctata*	92	*Lissemys scutata*	86	*Cyclanorbis senegalensis*
SGSKD 19	Unknown	JN416998.1	99	*Lissemys punctata*	92	*Lissemys scutata*	86	*Cyclanorbis senegalensis*
SGSKD 24	Unknown	JN417000.1	96	*Nilssonia hurum*	92	*Nilssonia formosa*	91	*Nilssonia gangetica*
SGSKD 25	Unknown	JN417001.1	96	*Nilssonia hurum*	92	*Nilssonia formosa*	91	*Nilssonia gangetica*
SGSKD 26	Unknown	KC311381.1	99	*Amyda cartilaginea*	89	*Nilssonia hurum*	88	*Nilssonia gangetica*
SGSKD 28	Unknown	JX049142.1	98	*Amyda cartilaginea*	88	*Nilssonia hurum*	88	*Palea steindachneri*
SGSKD 29	Unknown	KC311382.1	99	*Amyda cartilaginea*	88	*Nilssonia hurum*	88	*Nilssonia gangetica*
SGSKD 34	Unknown	JN794087.1	99	*Lissemys punctata*	92	*Lissemys scutata*	86	*Cyclanorbis senegalensis*
SGSKD 35	Unknown	KC311383.1	100	*Nilssonia hurum*	93	*Nilssonia formosa*	91	*Nilssonia gangetica*
SGSKD 52	Unknown	JN794088.1	99	*Lissemys punctata*	92	*Lissemys scutata*	87	*Cyclanorbis senegalensis*
SGSKD 55	Unknown	JX049143.1	99	*Lissemys punctata*	92	*Lissemys scutata*	86	*Cyclanorbis senegalensis*

Table 8: Resultados da identificação de 10 amostras experimentais de 4 espécies conhecidas de tartarugas de carapaça dura recolhidas na natureza na base de dados GenBank.

Sample ID	Species	Accession No.	Closest match related to query coverage		First NN match related to query coverage		Second NN match related to query coverage	
			Identity (%)	Species	Identity (%)	Species	Identity (%)	Species
SGSKD 17	*P.tecta*	JN860211.1	100	*Kachuga tecta*	93	*Kachuga tentoria*	93	*Kachuga smithii*
SGSKD 21	*P.tentoria*	JN860214.1	99	*Kachuga tentoria*	96	*Kachuga smithii*	93	*Kachuga tecta*
SGSKD 22	*C.mouhotii*	KC354716.1	99	*Pyxidea mouhotii*	94	*Cuora yunnanensis*	94	*Cuora pani*
SGSKD 23	*C.mouhotii*	JN860213.1	99	*Pyxidea mouhotii*	93	*Cuora yunnanensis*	93	*Cuora trifasciata*
SGSKD 27	***C.gemeli***	**JN860219.1**	**92**	***Cyclemys dentata***	**92**	***Cyclemys atripons***	**90**	***Leucocephalon yuwonoi***
SGSKD 32	*C.mouhotii*	KC354717.1	98	*Pyxidea mouhotii*	93	*Cuora yunnanensis*	93	*Cuora bourreti*
SGSKD 33	*C.mouhotii*	KC354718.1	99	*Pyxidea mouhotii*	94	*Cuora bourreti*	93	*Cuora picturata*
SGSKD 80	*P.tentoria*	JN860215.1	99	*Kachuga tentoria*	96	*Kachuga smithii*	92	*Kachuga tecta*
SGSKD 81	***C.gemeli***	**KC354722.1**	**92**	***Cyclemys atripons***	**92**	***Cyclemys dentata***	**80**	***Mauremys caspica***
SGSKD 82	***C.gemeli***	**KC354723.1**	**92**	***Cyclemys dentata***	**92**	***Cyclemys atripons***	**90**	***Leucocephalon yuwonoi***

As letras a negrito indicam os resultados de identificação ambíguos para *Cyclemys gemeli* speccis. *Cyclemys gemeli* apresenta 92% de similaridade com outros congéneres *Cyclemys dentata* e *Cyclemys atripons.*

Table 9: Resultados da identificação de 13 amostras experimentais de 6 espécies de tartarugas de carapaça dura na base de dados GenBank.

Sample ID	Species	Accession No.	Closest match related to query coverage		First NN match related to query coverage		Second NN match related to query coverage	
			Identity (%)	Species	Identity (%)	Species	Identity (%)	Species
SGSKD 83	*M.trijuga*	KC354724.1	99	*Melanochelys trijuga*	95	*Melanochelys tricarinata*	88	*Sacalia quadriocellata*
SGSKD 84	*M.trijuga*	KC354725.1	99	*Melanochelys trijuga*	96	*Melanochelys tricarinata*	88	*Sacalia quadriocellata*
SGSKD 94	*G.hamiltonii*	KC354726.1	99	*Geoclemys hamiltonii*	86	*Mauremys japonica*	86	*Morenia ocellata*
SGSKD 95	*G.hamiltonii*	KC354727.1	99	*Geoclemys hamiltonii*	86	*Mauremys japonica*	86	*Morenia ocellata*
SGSKD 96	*C.gemeli*	JN860218.1	93	*Cyclemys atripons*	92	*Cyclemys dentata*	91	*Mauremys caspica*
SGSKD 97	*G.hamiltonii*	JX049144.1	98	*Geoclemys hamiltonii*	85	*Mauremys japonica*	85	*Dipsochelys dussumieri*
SGSKD 99	*P.tentoria*	JN860216.1	99	*Kachuga tentoria*	97	*Kachuga smithii*	93	*Kachuga tecta*
SGSKD 100	*C.amboinensis*	KC354728.1	96	*Cuora amboinensis*	92	*Cuora trifasciata*	91	*Cuora galbinifrons*
SGSKD 101	*C.amboinensis*	JN860217.1	96	*Cuora amboinensis*	92	*Cuora trifasciata*	92	*Cuora picturata*
SGSKD 102	*C.amboinensis*	KC354729.1	97	*Cuora amboinensis*	92	*Cuora trifasciata*	91	*Cuora yunnanensis*
SGSKD 103	***P.sylhetensis***	**JN860212.1**	**94**	***Kachuga smithii***	**93**	***Kachuga tentoria***	**93**	***Kachuga tecta***
SGSKD 104	***P.sylhetensis***	**JX049139.1**	**93**	***Kachuga smithii***	**91**	***Kachuga tentoria***	**91**	***Kachuga tecta***
SGSKD 105	*C.amboinensis*	KC354730.1	97	*Cuora amboinensis*	91	*Cuora trifasciata*	91	*Cuora picturata*

As letras em negrito indicam os resultados de identificação ambíguos para *Pangshura sylhetensis* speceis. *Pangshura sylhetensis* apresenta 93%- 94% de semelhanças com outros congéneres *Kachuga smithii,* 91%- 93% com *Kachuga Ienloria* e *Kachuga tecta.*

Table 10: Resultados da identificação de 11 amostras experimentais de 3 espécies de tartarugas na base de dados GenBank.

Sample ID	Species	Accession No.	Closest match related to query coverage		First NN match related to query coverage		Second NN match related to query coverage	
			Identity (%)	Species	Identity (%)	Species	Identity (%)	Species
SGSKD 2	*M. emys*	GU563917.1	97	*Manouria emys*	91	*Manouria impressa*	89	*Geochelone denticulata*
SGSKD 6	***I.elongata***	**JN794082.1**	**99**	***Indotestudo elongata***	**99**	***Indotestudo travancorica***	**96**	***Indotestudo forstenii***
SGSKD 7	***I.elongata***	**JN794083.1**	**99**	***Indotestudo elongata***	**99**	***Indotestudo travancorica***	**97**	***Indotestudo forstenii***
SGSKD 8	*M. emys*	JN794084.1	97	*Manouria emys*	91	*Manouria impressa*	90	*Geochelone denticulata*
SGSKD 9	***I.elongata***	**JX049141.1**	**96**	***Indotestudo elongata***	**97**	***Indotestudo travancorica***	**94**	***Indotestudo forstenii***
SGSKD 41	***I.elongata***	**KC354719.1**	**97**	***Indotestudo elongata***	**98**	***Indotestudo travancorica***	**95**	***Indotestudo forstenii***
SGSKD 42	*I.elongata*	KC354720.1	99	*Indotestudo elongata*	98	*Indotestudo travancorica*	95	*Indotestudo forstenii*
SGSKD 43	***I.elongata***	**KC354721.1**	**98**	***Indotestudo elongata***	**98**	***Indotestudo travancorica***	**95**	***Indotestudo forstenii***
SGSKD 109	***I.forstenii***	**JX049140.1**	**97**	***Indotestudo elongata***	**97**	***Indotestudo travancorica***	**95**	***Indotestudo forstenii***
SGSKD 110	***I.forstenii***	**KC354731.1**	**97**	***Indotestudo elongata***	**97**	***Indotestudo forstenii***	**97**	***Indotestudo travancorica***
SGSKD 111	***I.forstenii***	**KC354732.1**	**97**	***Indotestudo elongata***	**97**	***Indotestudo forstenii***	**97**	***Indotestudo travancorica***

As letras a negrito indicam os resultados de identificação ambíguos para *Indotestudo elongata* e *Indotestudo Jorstenii* spcccis. A estreita semelhança das sequências (97%- 99%) descreve-as como espécies sinónimas.

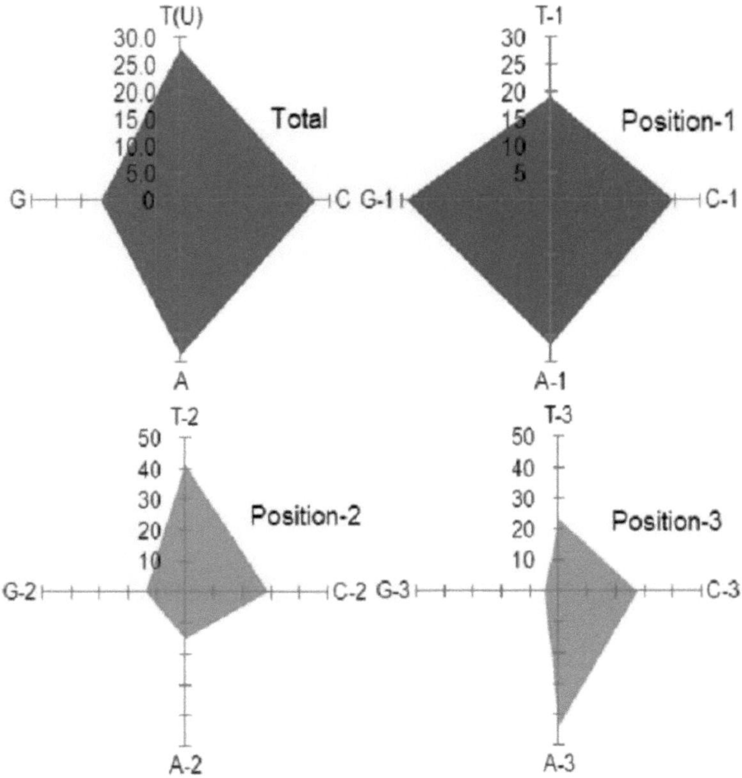

Figura 21: Composição de bases do gene *COI de* Tcstudincs indianos em posições de três códons.

Table 11: Polimorfismos específicos de nucleótidos únicos (SNPs) entre todas as espécies de Trionychidac existentes.

Trionychidae Species	**SNPs**
N. hurum (n= 5)	Nil
N. nigricans (n= 3)	15-A>T>C, 18-A>T, 22-T>C, 25-C>T
N. gangetica (n= 5)	168-A>G, 336-C>T
A. cartilaginea (n= 5) excluding HQ329769.1	54-A>G, 75-A>G, 109-A>G, 123-C>T>G, 129-T>A>G, 156-T>C, 240-A>C, 354- G>A, 378-T>C, 533- G>C, 579-C>T, 593- G>T, 607-C>T
C. indica (n= 4)	3-A>G, 9-C>T, 25-C>T, 63-A>G, 87-C>A>G, 120-C>T, 135-T>A>C, 144-T>C, 147-C>G>A, 153-T>C, 165-T>C, 216-C>T, 225-C>T, 228-A>G, 229-C>T, 252-A>T, 255-C>A, 270-A>G, 279-A>G, 282-C>T, 291-T>C, 300-A>T>C, 336-C>T, 373-T>C, 375-A>G, 471-T>C, 474-A>T>C, 483-A>G, 499-C>T, 501- G>A, 519-A>T, 522-A>G, 549-T>C, 552-A>T>C, 561-C>T, 562-C>T, 567-T>C, 619-C>T
L. punctata (n= 11)	279-A>C, 282-C>G>T, 291-T>A, 300-A>G, 306-C>T, 445-A>G, 501- G>A>C, 502-C>T, 504-A>T

Table 12: Polimorfismos de nucleótido único (SNPs) específicos de cada espécie entre todas as espécies de Gcocmydidac existentes.

Geoemydidae Species	SNPs
M. trijuga (n= 3)	39- G>A, 84-C>T, 283-A>G, 333-T>C
M. tricarinata (n= 1)	n/c
G. hamiltonii (n= 4)	15-A>T, 22-T>A, 84-C>A>T, 107- T>G, 111-C>G>T, 121-T>G, 280- G>C, 298-A>C, 436-T>C>G, 438-C>A, 451-C>T, 452-A>T, 453-A>C, 494-C>T
M. petersi (n= 1)	n/c
C. mouhotii (n= 9)	6-A>T, 9-C>T, 55-A>G, 75-A>G, 135-T>C, 159-C>T, 168-A>G, 183- A>C, 184- G>C, 207-C>T, 210-A>G, 237-C>T, 327-A>G, 384-A>G, 429-C>T, 453-A>G, 474-A>G, 514-C>T, 552-A>C>T, 594- A>G
C. amboinensis (n= 7)	33-A>T>G, 54-A>G, 63-A>G, 69-T>C, 102-T>C, 156-T>G>A, 168-A>G, 189-A>T>C, 192- C>T, 216-C>T, 222-C>T, 234-C>T, 300-A>C>T, 303-A>G, 309- G>A, 312-A>G, 348-A>G, 351-T>C, 384-A>G, 399-C>A>G, 423-A>G, 438-C>T, 447-A>G, 468-A>G, 504-A>G, 564-A>G, 603-A>G, 607-C>T
C. gemeli (n= 4)	262-T>A, 312-A>T, 313-C>T, 339-T>G, 381-T>G, 402-T>C, 474-A>G, 480-A>G, 552-A>G, 555-T>C, 564-A>G, 576-C>T, 594-A>G, 600-T>C
P. sylhetensis (n= 2)	99-C>T, 132-A>G, 135-T>C>A, 171-C>T, 462-A>C, 497-T>A, 517-C>A, 522-A>G, 529- G>C, 532- G>C, 565-A>T
P. tentoria (n= 4)	206- G>C, 390-A>C, 573-C>T, 586-T>G, 591- G>C
P. smithii (n= 1), *B. kachuga* (n= 1), *B. baska* (n= 1), *B. dhongoka* (n= 1), *H. thurjii* (n= 1)	n/c
K. tecta (n= 2)	Nil

Table 13: Polimorfismos de nucleótido único (SNP) específicos de cada espécie entre todas as espécies de Tcstudinidac existentes.

Testudinidae Species	SNPs
I. elongata (n= 9)	9-C>T, 50-C>A, 87-C>T>G, 98-C>A, 107-T>A, 195-G>A, 277- G>T, 330-C>T, 424- A>G, 443- C>A, 450-A>G, 474-A>G, 502-C>T, 510-C>T, 511-T>A, 578-T>G, 586-T>G, 599-A>C, 601-C>T, 605-T>C, 611-A>C, 612-C>T, 614-A>G, 615-A>T, 617-A>C
I.forstenii (n= 5)	9-C>T, 16-T>C, 18-A>G, 55-A>G, 63-A>T, 74-A>C, 93-T>C, 104-C>T, 105-T>C, 109-A>T, 149- G>C, 153-T>C, 213-C>T, 234-C>A, 288-T>C, 306-C>T, 309- G>C>A, 313-C>T, 362-T>G, 363-C>T, 373-T>C, 374-A>G, 417-T>C, 436-T>G, 488-T>A, 495-C>T, 496-A>G, 498-C>T, 502-C>T, 549-T>G>A, 585-T>C, 591- G>A, 606-C>T
M.emys (n= 4)	3-A>G, 16-T>C, 24-A>G, 31-C>T, 40-T>A>C, 42-A>G, 58-C>A, 150-C>T, 162-A>G, 171-C>G>A, 198-A>G, 237-C>A, 249-T>A>G, 270-A>G, 318-T>A>G, 334- G>A, 372-C>T, 444-T>C, 516- G>A
G.elegans (n= 1)	n/c

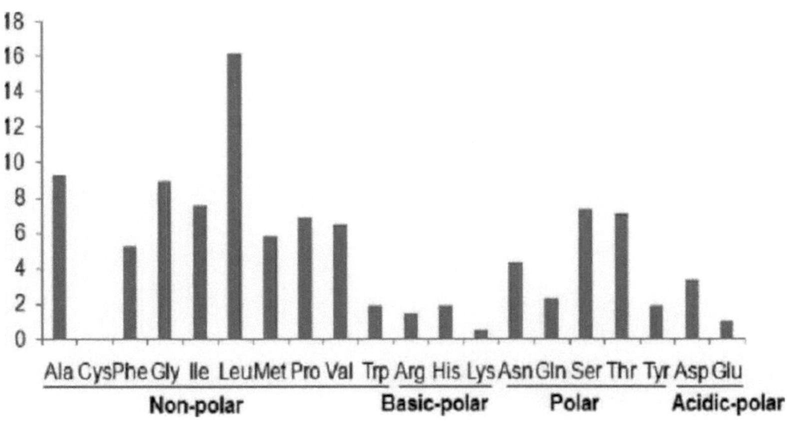

Figura 22: Composição média de aminoácidos variando com a polaridade e carga da cadeia lateral entre as espécies de Tcstudincs indianas.

Tabela 14: Frequência dos codões em COZfiO nos estudos indianos

Codon	Count	RSCU	Codon	Count	RSCU	Codon	Count	RSCU	Codon	Count	RSCU
UUU(F)	4.9	0.9	UCU(S)	2	0.79	UAU(Y)	1.5	0.75	UGU(C)	0.1	1.71
UUC(F)	6	1.1	UCC(S)	2.8	1.1	UAC(Y)	2.5	1.25	UGC(C)	0	0.29
UUA(L)	7.7	1.39	UCA(S)	6.7	2.63	UAA(*)	0	0	UGA(W)	3.8	1.89
UUG(L)	0.6	0.12	UCG(S)	0.5	0.2	UAG(*)	0	0	UGG(W)	0.2	0.11
CUU(L)	4.8	0.86	CCU(P)	2.5	0.7	CAU(H)	1.7	0.83	CGU(R)	0.6	0.79
CUC(L)	3.4	0.61	CCC(P)	2.5	0.7	CAC(H)	2.3	1.17	CGC(R)	0.6	0.75
CUA(L)	14.2	2.56	CCA(P)	8.5	2.41	CAA(Q)	4.3	1.76	CGA(R)	1.8	2.4
CUG(L)	2.5	0.46	CCG(P)	0.7	0.19	CAG(Q)	0.6	0.24	CGG(R)	0	0.06
AUU(I)	8.7	1.11	ACU(T)	3.1	0.84	AAU(N)	3.4	0.76	AGU(S)	0.9	0.35
AUC(I)	6.9	0.89	ACC(T)	3.4	0.92	AAC(N)	5.6	1.24	AGC(S)	2.3	0.93
AUA(M)	11.1	1.83	ACA(T)	7.9	2.14	AAA(K)	1	1.94	AGA(*)	0	0
AUG(M)	1	0.17	ACG(T)	0.4	0.1	AAG(K)	0	0.06	AGG(*)	0	0
GUU(V)	3.4	1.01	GCU(A)	4.2	0.87	GAU(D)	2.3	0.64	GGU(G)	4.1	0.88
GUC(V)	2.1	0.63	GCC(A)	7.7	1.61	GAC(D)	4.8	1.36	GGC(G)	4.2	0.92
GUA(V)	6.4	1.91	GCA(A)	6.9	1.43	GAA(E)	1.9	1.87	GGA(G)	8	1.73
GUG(V)	1.5	0.45	GCG(A)	0.4	0.08	GAG(E)	0.1	0.13	GGG(G)	2.2	0.47

Dados derivados da sequência de nucleótidos do GcnBank, bem como dados desenvolvidos e seguem a tabela de tradução mitocondrial de vertebrados. Número total de códons 207. O uso relativo de códons sinônimos (RSCU) é dado entre parênteses.

Tabela 15: Variações de Λminoácidos entre 31 espécies de Tcstudincs indianas de 3 famílias diferentes. Total de 57 sítios variáveis presentes na região *Col* parcial.

Amino Acid Positions	2	6	8	10	11	12	14	15	17	19	20	25	28	30	33	35	36	37	41	46	50	56	62	69	88	91	93	94	95	100	106	107	112	121	128	142	146	148	149	150	151	162	163	165	166	171	173	177	178	189	193	196	198	200	201	202	204	205	206
	T	L	L	I	R	A	L	S	P	T	L	Q	N	I	A	A	F	I	F	I	G	L	A	R	S	I	A	G	T	T	A	G	A	F	V	I	S	A	M	S	Q	L	I	A	I	S	P	A	G	N	F	S	G	D	P	I	Y	Q	H
Geoemydidae																																																											
M. trijuga	.	.	.	.	.	.	.	.	.	.	.	.	.	.	.	.	.	.	.	.	.	.	.	.	.	.	.	.	A	.	.	.	.	.	.	.	.	.	.	.	.	.	.	.	.	.	.	.	.	.	.	.	.	.	.	.	.	.	.
M. tricarinata	.	.	.	.	.	.	.	.	.	.	.	.	.	.	.	.	.	.	.	.	.	.	.	.	.	.	.	.	A	.	.	.	.	.	.	.	.	.	.	T	.	.	.	.	.	.	.	.	.	.	.	.	.	.	.	.	.	.	.
G. hamiltonii	S	M	M	V	.	S	.	G	.	S	.	H	K	.	.	.	C	M	V	.	.	V	.	.	.	.	S	R	A	P	.	.	.	.	.	.	A/P	.	.	.	F	.	.	V	V	.	.	.	.	.	.	.	.	.	.	.	.	.	.
M. peterii	V	.	.	.	.	.	.	.	.	.	.	.	.	.	.	.	.	V	.	.	.	M	.	.	.	V	S	.	A	.	S	.	.	.	.	.	P	.	.	T	.	.	.	.	V	.	.	.	.	.	.	.	.	.	.	.	.	.	.
C. mouhotii	V	.	.	.	.	.	.	.	.	A	.	.	.	.	.	.	.	.	.	V	.	V	P	.	.	.	.	.	A	.	.	.	.	.	.	.	.	.	.	.	.	.	.	.	V	.	.	.	.	.	.	.	.	.	.	.	.	.	.
C. amboinensis	V	.	.	.	.	.	.	.	.	A	.	.	.	.	.	.	.	.	.	V	.	V	.	.	.	.	.	.	A	.	.	.	.	.	.	.	.	.	.	.	.	.	.	.	V	.	.	.	.	.	.	.	.	.	.	.	.	.	.
C. gemeli	V	.	.	.	.	.	.	.	.	A	.	.	.	.	.	.	.	.	.	V	.	V	.	.	T	V	.	.	A	.	.	.	.	.	.	.	.	.	.	.	.	.	.	.	V	.	.	.	.	.	.	.	.	.	.	.	.	.	.
P. sylhetensis	V	.	.	.	.	.	.	.	.	.	.	.	.	.	.	.	.	V	.	.	.	V	.	.	.	V	S	.	A	.	.	.	.	.	.	.	.	.	.	T	.	.	.	.	D	.	T	P	R	Y	.	.	.	.	.	.	.	.	.
P. tentoria	V	.	.	.	.	.	.	.	.	.	.	.	.	.	.	.	.	V	.	.	.	V	.	P	.	V	S	.	A	.	.	.	.	.	.	.	.	.	.	T	.	.	.	.	.	.	.	.	.	.	.	A	.	.	.	.	.	.	.
P. smithii	V	.	.	.	.	.	.	.	.	.	.	.	.	.	.	.	.	V	.	.	.	V	.	.	.	V	S	.	A	.	.	.	.	.	.	.	.	.	.	T	.	.	.	.	.	.	.	.	.	.	.	.	.	.	.	.	.	.	.
P. tecta	V	.	.	.	.	.	.	.	.	.	.	.	.	.	.	.	.	V	.	.	.	V	.	.	.	V	S	.	A	.	.	.	.	.	.	.	.	.	.	T	.	.	.	.	V	.	.	.	.	.	.	.	.	.	.	.	.	.	.
B. kachuga	V	.	.	.	.	.	.	.	.	.	.	.	.	.	.	.	.	V	.	.	.	V	.	.	.	V	S	.	A	.	.	.	.	.	.	.	.	.	.	T	.	.	.	.	V	.	.	.	.	.	.	.	.	.	.	.	.	.	.
B. baska	V	.	.	.	.	.	.	.	.	.	.	.	.	.	.	.	.	V	.	.	.	V	.	.	.	V	S	.	A	.	.	.	.	.	.	.	.	.	.	T	.	.	.	.	V	.	.	.	.	.	.	.	.	.	.	.	.	.	.
B. dhongoka	V	.	.	.	.	.	.	.	.	.	.	.	.	.	.	.	.	V	.	.	.	V	.	.	.	V	S	.	A	.	.	.	.	.	.	.	.	.	.	T	.	.	.	.	V	.	.	.	.	.	.	.	.	.	.	.	.	.	.
H. thurjii	V	.	.	.	.	.	.	.	.	.	.	.	.	.	.	.	.	V	.	V	.	V	.	.	.	V	S	.	A	.	.	.	.	.	.	.	.	.	.	T	.	.	.	.	V	.	.	.	.	.	.	.	.	.	.	.	.	.	.
Testudinidae																																																											
I. elongata	V	.	.	.	.	.	.	.	H	.	.	.	.	.	D	.	Y	.	.	.	.	V	.	.	.	.	S	.	A	.	.	.	.	.	.	V	.	D	.	.	.	.	.	.	.	T	.	.	.	.	C	A	.	A	S	T	S	R	P
I. forstenii	V	.	.	.	.	.	.	.	.	A	.	P	.	.	.	V	.	F	.	.	A	V	.	.	.	.	.	.	A	.	.	.	.	C	.	V	A	.	.	.	.	.	N	.	V	.	.	.	.	.	.	.	.	.	.	.	.	.	.
M. emys	V	.	.	.	C	.	M	.	.	.	I	.	.	.	.	.	.	.	.	.	.	V	.	.	.	V	.	.	A	.	.	.	T	.	.	.	.	.	.	.	.	.	.	.	V	.	.	.	.	.	.	.	.	.	.	.	.	.	.
G. elegans	V	.	.	.	.	.	.	.	.	.	.	.	.	.	.	.	.	V	.	.	.	V	.	.	.	.	.	.	A	.	.	.	.	.	.	.	.	.	.	.	.	.	.	.	V	.	.	.	.	.	.	.	.	.	.	.	.	.	.
Trionychidae																																																											
N. hurum	V	.	.	.	.	.	.	.	.	.	.	.	.	.	.	.	.	V	.	V	.	V	.	.	.	.	T	.	A	.	.	S	.	.	.	.	P	T	.	.	.	I	.	.	V	.	.	.	.	.	.	.	.	.	.	V	.	.	.
N. nigricans	V	.	.	.	.	.	.	.	.	.	.	.	.	.	.	.	.	V	.	V	.	V	.	.	.	.	T	.	A	.	.	S	.	.	.	.	P	T	.	.	.	I	.	.	V	.	.	.	.	.	.	.	.	.	.	V	.	.	.
N. gangetica	V	.	.	.	.	.	.	.	.	.	.	.	.	.	.	.	.	V	.	V	.	V	.	.	.	.	T	.	A	.	.	S	.	.	.	.	P	T	.	.	.	I	.	.	V	.	.	.	.	.	.	.	.	.	.	V	.	.	.
A. cartilaginea	V	.	.	.	.	.	.	.	.	.	.	.	.	V	.	.	.	V	L	V	.	V	.	.	.	V	T	.	A	.	.	S	M	.	.	.	.	T	.	.	.	V	.	.	V	.	.	.	A	.	.	.	V	.	.	V	.	.	.
C. indica	V	.	.	.	.	.	.	.	.	.	.	.	.	.	.	.	.	V	.	V	.	V	.	.	.	V	T	.	A	.	.	S	.	.	.	.	.	T	.	.	.	V	.	.	V	.	.	.	.	.	.	.	.	.	.	.	.	.	.
L. punctata	V	.	.	.	.	.	.	.	.	.	.	.	.	V	.	.	.	.	.	V	.	V	.	.	.	.	T	.	A	.	.	S	.	.	I	.	.	T	V	.	.	M	.	.	V	.	.	.	.	.	.	.	.	.	.	.	.	.	.

Capítulo 3:

4.3. CARACTERÍSTICAS GENÓMICAS, DIVERGÊNCIA GENÉTICA E RELAÇÃO FILOGENÉTICA ENTRE OS TESTUDINES INDIANOS E OUTROS REPRESENTANTES MUNDIAIS

Estimámos as distâncias médias dentro do grupo e entre grupos no conjunto total de dados de 3 membros das famílias de quelónios estudadas. Os membros da família Trionychidae mostraram divergências médias conspecíficas e congéneres mais distintas pela distância de Máxima Verosimilhança Composta (MCL) em comparação com a distância de Kimura-2-Parameter (K2P) ou *p*. Além disso, todas as espécies estudadas das famílias Testudinidae e Geoemydidae mostraram divergências médias conspecíficas mais aparentes pela distância MCL; mas em alguns casos a distância K2P mostra mais claramente a divergência congenérica. O quadro 16 mostra que as espécies da família Geoemydidae apresentaram distâncias médias globais mais elevadas (13,17 ± 0 a 15,16 ± 0,01 %) em comparação com as outras duas famílias e que as espécies da família Testudinidae apresentaram distâncias médias globais menos elevadas (6,91 ± 0 a 7,64 ± 0). A Tabela 17 mostra a matriz de substituição nucleotídica K2P e Maximum Composite Likelihood (MCL). O viés de transição/transversão (R) estimado foi de 4,02 no modelo Hasegawa-Kishino-Yano (+G+I) e de 2,94 no modelo Kimura-2-parâmetro. A Tabela 18 mostra que o modelo Hasegawa-Kishino-Yano (HKY) com distribuição Gama discreta (+G) e sítios evolutivamente invariáveis (+I) apresenta as pontuações BIC (Critério de Informação Bayesiano) 14351 mais baixas; assim, o modelo HKY+G+I foi considerado o melhor modelo para descrever o padrão de substituição e foi utilizado para estimar os valores ML e a topologia da árvore baseada na evolução. A tartaruga de carapaça mole apresenta 4,0 ± 0% a 20,5 ± 0,01%, 3,8 ± 0% a 17,8 ± 0,01% e 4,0 ± 0% a 23,5 ± 0,03% de divergência interespecífica pela distância K2P, distância *p* e distância MCL, respetivamente (Tabela 19, 20, 21). As espécies dos géneros *Nilssonia* e *Lissemys* apresentaram 0% a 1,0 ± 0% de divergência congénita em todos os casos; no entanto, *Amyda cartilaginea* e *Chitra indica* apresentam mais divergências congénitas, 6,0 ± 0,01% a 7,0 ± 0,01% e 4,0 ± 0,01%, respetivamente. A divergência congenérica dentro do género *Nilssonia* representou 4,0 ± 0% a 9,5 ± 0,01% com ambos os parâmetros K2P e MCL, mas 3,8 ± 0% a 8,7 ± 0,01% pela distância *p* (Tabela 19, 20, 21).

A tartaruga de carapaça dura apresentou 3,7 ± 0,01% a 21,3 ± 0,02%, 3,4 ± 0% a 18,1 ± 0,01% e 3,5 ± 0% a 21,6 ± 0,02% de divergência interespecífica pela distância K2P, distância *p* e distância MCL, respetivamente (Tabela 22, 23, 24). Este grupo de tartarugas também apresentou 0% a 3,0 ± 0 por K2 e 0% a 2,0 ± 0% por ambos os parâmetros de distância *p* e MCL. A divergência congenérica entre o género Melanochelys apresentou 4,5 ± 0% a 4,7 ± 0% em todos os parâmetros K2P, distância p e distância MCL. O género Cuora apresentou 9,1 ± 0,01%

a 10,0 ± 0,01% de divergência congénere em todos os K2P, distância *p e distância* MCL. O género Pangshura apresentou 3,6 ± 0% a 9,1 ± 0,01% de divergência congénere e o género Batagur apresentou 3,4 ± 0% a 7,2 ± 0,01% em todas as distâncias K2P, *p e* MCL. No conjunto de dados, as divergências interespecíficas K2P estavam na faixa de 3,4 ± 0% a 15,3 ± 0,01% e 1,0 ± 0% a 3,0 ± 0,01% dentro da espécie ou conspecífica entre todas as espécies de tartarugas indianas nomeadas (Tabela 25). A distância *p* mostrou 3,3 ± 0% a 13,5 ± 0,01% de divergência interespecífica e 1,0 ± 0% a 3,0 ± 0% de distância conspecífica (Tabela 26). Além disso, a distância MCL mostrou 3,4 ± 0% a 15,2 ± 0,01% de divergência interespecífica e 1,0 ± 0% a 3,0 ± 0,01% de distância conspecífica (Tabela 27). O género Indotestudo apresentou a distância congenérica 3,4 ± 0% com ambos os parâmetros K2P e MCL mas 3,3 ± 0% pela distância *p.* A Fig. 23 mostra as lacunas do código de barras mantidas por todas as espécies estudadas. Em alguns casos, as divergências conspecíficas máximas foram superiores às divergências congéneres mínimas. Nos grupos de *quelónios*, calculámos as distâncias *p congéneres* médias mínimas, as distâncias K2P e as distâncias MCL e comparámo-las com as respectivas divergências conspecíficas máximas para obter a lacuna do código de barras. A maioria das espécies manteve a diferença de código de barras e separou-se umas das outras com um valor de divergência significativo. As espécies *Pangshura tentoria* (JN860216.1) e *Pangshura smithii* (HQ 329694.1) mantiveram a sua divergência abaixo do intervalo do código de barras. Os outros dois congéneres de Batagur, *Batagur kachuga* e *Batagur baska*, e dois congéneres de *Nilssonia, Nilssonia hurum* e *Nilssonia nigricans,* apresentaram uma semelhança muito reduzida nas sequências do código de barras e também mantiveram a sua posição abaixo do intervalo do código de barras. Todos os indivíduos de espécies de tartarugas e cágados encontrados nas regiões oriental e nordeste estavam agrupados de forma coesa e distantes uns dos outros na filogenia NJ (Fig. 24). Os 5 indivíduos de *Nilssonia hurum* estavam altamente unidos com 100 apoios de bootstrap e muito estreitamente relacionados com a espécie irmã *Nilssonia nigricans.* A espécie *Nilssonia nigricans* também foi unida por 3 indivíduos diferentes com 100 apoios de bootstrap. Os outros 5 indivíduos de *Nilssonia gangetica* apresentaram um agrupamento muito distinto com apoios de bootstrap significativos. Os 2 indivíduos de *Nilssonia gangetica* (JN416993.1 e HQ 329780.1) apresentaram um baixo apoio de bootstrap, talvez devido à sua localização geográfica distante. Além disso, as 5 sequências de *Amyda cartilaginea* apresentaram um agrupamento muito distinto, mas um indivíduo desta espécie (HQ329768.1) não foi agrupado com as outras espécies. A espécie *Chitra indica* também se agrupou com 100 apoios de bootstrap, mas manteve dois nós distintos pelos seus 4 indivíduos diferentes. A família Geoemydidae e as suas duas subfamílias nomeadas também mostraram clados distintos na filogenia NJ pelas suas respectivas espécies.

As 10 espécies da subfamília Batagurinae agruparam-se separadamente umas das outras. A espécie *Geoclemys hamiltonii* estava muito próxima da *Morenia petersi* e as 3 espécies diferentes do género *Batagur* estavam muito próximas da espécie *Hardella thurjii.*

As 4 espécies do género Pangshura foram agrupadas entre si com 100 apoios de bootstrap. Entre elas, *Pangshura tentoria* e *Pangshura smithii* foram agrupadas de forma muito próxima na filogenia. A filogenia NJ também mostrou um agrupamento separado entre as 5 espécies de Geoemydinae e mostrou um agrupamento muito próximo com a família Testudinidae; o grupo das tartarugas em vez dos Batagurinae da família Geoemydidae. Outro grupo significativo, presente nas regiões estudadas, as 3 espécies da família Testudinidae agruparam-se separadamente com um apoio de 100 bootstrap. Os 9 indivíduos de *Indotestudo elongata* estão agrupados separadamente dos seus congéneres *Indotestudo forstenii*. Mas, notavelmente, as 2 sequências de *Indotestudo forstenii* adquiridas de bases de dados e as 3 sequências desenvolvidas da mesma espécie foram agrupadas separadamente e as sequências desenvolvidas de *Indotestudo forstenii* (KC354731.1, JX049140.1 e KC354732.1) mostraram mais afinidade para se agruparem com *Indotestudo elongata* na árvore NJ. A outra espécie *Manouria emys* mostrou um agrupamento separado com os 4 indivíduos diferentes; mas também mostrou um nó diferente entre as sequências desenvolvidas e as sequências da base de dados com 100 apoios bootstrap. Para resolver o agrupamento ambíguo entre as espécies, a árvore de máxima verosimilhança apresentou ainda uma boa resolução entre todas as espécies de quelónios representativas das regiões leste e NE (Fig. 25). O grupo das tartarugas de carapaça mole, com as suas 6 espécies, apresentou um agrupamento distinto, tal como ilustrado pela filogenia NJ.

Um indivíduo de *Amyda cartilaginea* também apresentou agrupamento ambíguo na árvore ML de base evolutiva. O agrupamento confuso dentro da família Geoemydidae formado pelas suas duas subfamílias foi resolvido na filogenia ML e agrupado em conjunto. O grupo das tartarugas terrestres também reflectiu um agrupamento discreto entre os géneros Manouria e Indotestudo. As duas espécies nomeadas *Indotestudo elongata* e *Indotestudo forstenii* mostraram ainda um agrupamento apertado entre as sequências desenvolvidas pelo próprio e as sequências da base de dados. O grupo das tartarugas de carapaça mole também se agrupou separadamente com as respectivas espécies no cladograma ML (Fig. 26). As duas espécies de Lissemys viz., *Lissemys punctata* e *Lissemys scutata* foram agrupadas de forma muito próxima com os géneros Cyclanorbis e Cycloderma. As outras 16 espécies apresentavam um clado separado. Uma sequência de *Pelochelys cantorii* e *Amyda cartilaginea* apresentou um agrupamento indistinto. Na filogenia ML, *Chitra chitra* e *Chitra indica* apresentaram agrupamentos sinónimos e situaram-se com o seu género irmão Pelochelys. A filogenia ML mostrou ainda que *Amyda cartilaginea* estava muito próxima de *Palea steindachneri*, enquanto *Dogania subplana* estava muito próxima do género Nilssonia. Na família Geoemydidae, a maioria das espécies foi agrupada em nós distintos, mas também foram encontrados alguns agrupamentos ambíguos na árvore ML (Fig. 26). Algumas sequências de *Cuora serrata, Cuora picturata, Cuora bourreti, Cuora galbiniforns, Cuora trifasciata, Cuora aurocapitata* e *Cuora pani* apresentaram agrupamentos indistintos na filogenia ML.

As outras 6 espécies viz., *Cuora mccordi,* Cuora *flavomarginata, Cuora yunnanensis,* Cuora *zhoui, Cuora amboinensis* e *Cuora mouhotii* mostraram nós claros no cladograma ML. No género Mauremys, *Mauremys annamensis,* Mauremys *mutica, Mauremys iversoni, Mauremys reevesi* e *Mauremys megalocephala* apresentaram agrupamentos indistintos, mas *Mauremys rivulata,* Mauremys *leprosa, Mauremys caspica,* Mauremys *sinensis, Mauremys japonica* e *Mauremys nigricans* reflectiram agrupamentos distintos no cladograma ML. A espécie *Malayemys subtrijuga* apresentou um clado distinto entre todas as espécies estudadas. As espécies *Cyclemys dentata* e *Siebenrockiella crassicollis* também apresentaram uma distribuição ambígua dos nós entre todas as espécies de tartarugas de carapaça dura. Todas as sequências desenvolvidas e as sequências da base de dados de 31 espécies de tartarugas terrestres encontradas em todo o mundo apresentaram um agrupamento distinto por filogenia ML (Fig. 26). As 3 espécies do género Indotestudo apresentaram um agrupamento muito próximo e situaram-se com a sua espécie irmã *Malacochersus tornieri. Chelonoidis denticulate* não se agrupou com outros membros de Chelonoidis e as duas espécies, *Astrochelys radiata* e *Astrochelys yniphora,* mostraram uma grande diferença. As 5 espécies de tartarugas marinhas registadas na região indiana, nomeadamente *Dermochelys coriacea, Eretmochelys imbricata, Caretta caretta, Lepidochelys olivacea* e *Chelonia mydas,* incluindo *Lepidochelys kempii* e *Natator depressa,* apresentaram agrupamentos muito distintos.

> Estimativa do tempo de divergência por relógio molecular relaxado:

Após a calibração do nó pelos dados fósseis das espécies Cycloderma e Cyclanorbis (18 anos), o relógio molecular relaxado foi construído para todas as espécies de tartarugas e cágados incluídas no presente estudo. Todas as tartarugas de carapaça mole divergiram há cerca de 20 anos. As espécies Nilssonia *hurum* e *Nilssonia nigricans divergiram há cerca de* 3,23 anos e a *Nilssonia gangetica* divergiu destas duas congéneres há cerca de 9,34 anos. O género Nilssonia e o género (Chitra + Amyda) divergiram há cerca de 20 anos. A espécie *Lissemys punctata divergiu* de (Cyclanorbis + Cycloderma) há cerca de 21,97 anos. As duas subfamílias de Geoemydidae divergiram há cerca de 17,49 anos. As espécies da subfamília Geoemydinae, *Melanochelys trijuga* e *Melanochelys tricarinata, divergiram há cerca de* 3,48 anos e 15,28 anos dos outros dois géneros, Cyclemys e Cuora. Os dois representantes do género Cuora, *Cuora amboinensis* e *Cuora mouhotii,* também divergiram entre si há cerca de 8,14 anos.

Os outros membros de Batagurinae, *Geoclemys hamiltonii,* divergiram de outras espécies (*Morenia petersi+ Batagur kachuga+ Batagur baska+ Batagur dhongoka+ Hardella thurjii+ Pangshura tecta+ Pangshura sylhetensis+ Pangshura smithii+ Pangshura tentoria*) há cerca de 15,72 anos. *Batagur kachuga divergiu* de *Batagur baska há cerca* de 2,61 milhões de anos e *Batagur dhongoka* divergiu há cerca de 5,66 milhões de anos. *Hardella thurjii divergiu* do género Batagur há cerca de 7,55 anos. O género *Pangshura divergiu* dos géneros Batagur e Hardella há cerca de 11,59 milhões de anos. O género *Pangshura tecta divergiu* de (*Pangshura sylhetensis+ Pangshura smithii+ Pangshura tentoria*) há cerca de 6,73 anos. *Pangshura sylhetensis divergiu* de (*Pangshura smithii+ Pangshura tentoria*) há cerca de 6,24 anos e as duas espécies *Pangshura smithii* e *Pangshura tentoria divergiram há* cerca de 2,76 anos. O estudo do relógio molecular relaxado também mostrou que 4 espécies de tartarugas terrestres (*Manouria emys, Indotestudo elongata, Indotestudo forstenii* e *Geochelone elegans*) divergiram entre si há cerca de 18,22 anos (Fig. 27).

Tabela 16: As distâncias médias globais das três famílias de clones estudadas estimadas através de diferentes parâmetros para o estudo de códigos de barras de ADN convencionais.

Características da sequência	**Trioiiycliidae**	**Geoeniydidae**	**Testudinídeos**	**Total**
Distância média global K2P	13.86 ± 0.01	15.06 ± 0.01	7.63 ± 0	18.37 ± 0.01
Média global p distância	12.26±0	13.17 ± 0	6.91 ±0	15.92 ± 0.01
Distância média global da MCL	15.41 ±0.01	15.16 ± 0.01	7.64 ± 0	13.67 ±0.02

Tabela 17: Padrão da matriz de substituição das espécies estudadas estimado pelo parâmetro Kimura-2 (K2P) e pelo modelo de máxima verossimilhança (ML).

K2P				
De\Para	A	T	C	G
A	-	*3.17*	*3.17*	**18.66**
T	*3.17*	-	**18.66**	*3.17*
C	*3.17*	**18.66**	-	*3.17*
G	**18.66**	*3.17*	*3.17*	-

MCL				
De\Para	A	T	C	G
A	-	*2.78*	*2.71*	**12.86**
T	*2.82*	-	**21.98**	*1.59*
C	*2.82*	**22.50**	-	*1.59*
G	**22.87**	*2.78*	*2.71*	-

As taxas das diferentes substituições transitórias são apresentadas a negrito e as das substituições transvcrsionais são apresentadas em itálico.

Tabela 18: Seleção do melhor modelo para o estudo evolutivo de todas as espécies de *quelónios* presentes nas regiões estudadas.

Model	P	BIC	AICc	lnL	I	G	R	A	T	C	G	A=>T	A=>C	A=>G	T=>A	T=>C	T=>G	C=>A	C=>T	C=>G	G=>A	G=>T	G=>C
HKY+G+I	193	14351	12636	-6124	0.5	1.2	4.1	0.3	0.3	0.3	0.2	0.0	0.0	0.1	0.0	0.2	0.0	0.0	0.2	0.0	0.2	0.0	0.0
TN93+G+I	194	14358	12633	-6122	0.5	1.2	4.1	0.3	0.3	0.3	0.2	0.0	0.0	0.1	0.0	0.2	0.0	0.0	0.3	0.0	0.2	0.0	0.0
HKY+G	192	14375	12669	-6142	n/a	0.3	4.0	0.3	0.3	0.3	0.2	0.0	0.0	0.1	0.0	0.2	0.0	0.0	0.2	0.0	0.2	0.0	0.0
TN93+G	193	14386	12670	-6141	n/a	0.3	4.0	0.3	0.3	0.3	0.2	0.0	0.0	0.1	0.0	0.2	0.0	0.0	0.2	0.0	0.2	0.0	0.0
T92+G+I	191	14444	12746	-6181	0.5	1.2	3.7	0.3	0.3	0.2	0.2	0.0	0.0	0.2	0.0	0.2	0.0	0.0	0.2	0.0	0.2	0.0	0.0
T92+G	190	14459	12770	-6195	n/a	0.3	3.7	0.3	0.3	0.2	0.2	0.0	0.0	0.2	0.0	0.2	0.0	0.0	0.2	0.0	0.2	0.0	0.0
K2+G+I	190	14468	12799	-6209	0.5	1.3	3.6	0.3	0.3	0.3	0.3	0.0	0.0	0.2	0.0	0.2	0.0	0.0	0.2	0.0	0.2	0.0	0.0
GTR+G+I	197	14489	12738	-6171	0.5	1.3	2.5	0.3	0.3	0.3	0.2	0.0	0.1	0.1	0.0	0.2	0.0	0.1	0.2	0.0	0.2	0.0	0.0
GTR+G	196	14501	12759	-6183	n/a	0.3	2.6	0.3	0.3	0.3	0.2	0.0	0.1	0.1	0.0	0.2	0.0	0.1	0.2	0.0	0.3	0.0	0.0
K2+G	189	14503	12823	-6222	n/a	0.3	3.5	0.3	0.3	0.3	0.3	0.0	0.0	0.2	0.0	0.2	0.0	0.0	0.2	0.0	0.2	0.0	0.0
HKY+I	192	14566	12859	-6237	0.5	n/a	3.5	0.3	0.3	0.3	0.2	0.0	0.0	0.1	0.0	0.2	0.0	0.0	0.2	0.0	0.2	0.0	0.0
TN93+I	193	14568	12852	-6232	0.5	n/a	3.5	0.3	0.3	0.3	0.2	0.0	0.0	0.1	0.0	0.2	0.0	0.0	0.2	0.0	0.2	0.0	0.0
T92+I	190	14650	12961	-6290	0.5	n/a	3.3	0.3	0.3	0.2	0.2	0.0	0.0	0.2	0.0	0.2	0.0	0.0	0.2	0.0	0.2	0.0	0.0
K2+I	189	14673	12993	-6307	0.5	n/a	3.2	0.3	0.3	0.3	0.3	0.0	0.0	0.2	0.0	0.2	0.0	0.0	0.2	0.0	0.2	0.0	0.0
GTR+I	196	14678	12935	-6271	0.5	n/a	2.3	0.3	0.3	0.3	0.2	0.0	0.1	0.1	0.0	0.2	0.0	0.1	0.2	0.0	0.2	0.0	0.0
JC+G+I	189	15357	13677	-6649	0.5	1.7	0.5	0.3	0.3	0.3	0.3	0.1	0.1	0.1	0.1	0.1	0.1	0.1	0.1	0.1	0.1	0.1	0.1
JC+G	188	15368	13697	-6660	n/a	0.3	0.5	0.3	0.3	0.3	0.3	0.1	0.1	0.1	0.1	0.1	0.1	0.1	0.1	0.1	0.1	0.1	0.1
JC+I	188	15502	13831	-6727	0.5	n/a	0.5	0.3	0.3	0.3	0.3	0.1	0.1	0.1	0.1	0.1	0.1	0.1	0.1	0.1	0.1	0.1	0.1
HKY	191	15867	14169	-6893	n/a	n/a	2.9	0.3	0.3	0.3	0.2	0.0	0.0	0.1	0.0	0.2	0.0	0.0	0.2	0.0	0.2	0.0	0.0
TN93	192	15869	14162	-6888	n/a	n/a	2.9	0.3	0.3	0.3	0.2	0.0	0.0	0.1	0.0	0.2	0.0	0.0	0.2	0.0	0.2	0.0	0.0
T92	189	15882	14202	-6911	n/a	n/a	2.9	0.3	0.3	0.2	0.2	0.0	0.0	0.2	0.0	0.2	0.0	0.0	0.2	0.0	0.2	0.0	0.0
K2	188	15886	14214	-6919	n/a	n/a	2.9	0.3	0.3	0.3	0.3	0.0	0.0	0.2	0.0	0.2	0.0	0.0	0.2	0.0	0.2	0.0	0.0
GTR	195	15892	14159	-6884	n/a	n/a	2.2	0.3	0.3	0.3	0.2	0.0	0.1	0.1	0.0	0.2	0.0	0.1	0.2	0.0	0.2	0.0	0.0
JC	187	16672	15010	-7317	n/a	n/a	0.5	0.3	0.3	0.3	0.3	0.1	0.1	0.1	0.1	0.1	0.1	0.1	0.1	0.1	0.1	0.1	0.1

Tabela 19: Divergência de Kimura-2-parameter (K2P) com erro padrão entre as espécies de tartarugas de Softshcll. Letras em negrito indicam a distância conspecífica de cada espécie.

Espécies						
N.hurum	0±0					
Nnigricans	4.0 ±0	**0±0**				
Ngangetica	9.0 ±0.01	9.5 ±0.01	**0±0**			
A.cartilaginea	13.5 ± 0.01	13.6±0.01	14.2 ±0.01	**6.0 ±0.01**		
C.indica	13,7±O.O1	13.6±0.01	14.7 ±0.01	15.9 ±0.01	4.0 ±0.01	
Lpunctata	19.8 ± 0.01	19.6 ±0.01	20.5 ±0.01	19.8 ±0.01	20.0 ±0.01	**1.0±0**

Tabela 20: Divergência *ρ* estimada com erro padrão entre as espécies de tartarugas softshcll. As letras em negrito indicam a distância conspecífica de cada espécie.

Espécies

Nhurum	0±0					
N.nigricans	3.8 ±0	0±0				
N.gangetica	8.3 ±0.01	8.7 ±0.01	0±0			
A. cartilaginea	12.1 ±0.01	12.2 ±0.01	12.7 ±0.01	6.0 ±0.01		
C. indica	12.4 ±0.01	12.3 ±0.01	13.2 ±0.01	14.1 ±0.01	**4.0 ±0.01**	
L punctata	17.3 ±0.01	17.2 ±0.01	17.8 ±0.01	17.3 ±0.01	17.5 ±0.01	**1.0±0**

Tabela 21: Divergência de máxima verosimilhança composta (MCL) com erro padrão entre as espécies de tartarugas softshcll. As letras em negrito indicam a distância conspecífica de cada espécie.

Espécies						
N. Iiurum	0±0					
Nnigricans	4.0 ±0	0±0				
Ngangetica	9.1 ±0.01	9.5 ±0.01	0±0			
A.cartilaginea	14.1 ±0.01	14.2 ±0.01	14.7 ±0.01	7.0 ±0.01		
C. indica	14.6 ±0.01	14.7 ± 0.01	15.7 ±0.02	17.3 ±0.02	4.0 ±0.01	
L punctata	22.9 ±0.03	22.7 ±0.02	23.5 ±0.03	22.8 ±0.02	23.0 ±0.02	1.0±0

Table 22: Divergência de Kimura-2-parameter (K2P) entre as espécies de tartarugas de carapaça dura encontradas no elenco e no NE da Índia. As letras em negrito indicam a distância conspecífica de cada espécie. O canto superior direito indica os erros padrão.

Species															
Melanochelys trijuga	**0**	0	0.01	0.02	0.01	0.01	0.01	0.02	0.01	0.02	0.02	0.02	0.02	0.01	0.01
Melanochelys tricarinata	4.7 ±	**n/c**	0.01	0.02	0.01	0.01	0.01	0.02	0.01	0.02	0.02	0.01	0.01	0.01	0.01
Geoclemys hamiltonii	18.3 ±	18.4 ±	**1.0 ± 0**	0.01	0.01	0.01	0.02	0.01	0.01	0.01	0.01	0.01	0.01	0.01	0.02
Morenia petersi	18.7 ±	18.7 ±	18.0 ±	**n/c**	0.02	0.02	0.02	0.01	0.01	0.01	0.01	0.01	0.01	0.01	0.01
Cuora mouhotii	16.9 ±	15.7 ±	19.1 ±	19.6 ±	**1.0 ± 0**	0.01	0.01	0.01	0.01	0.02	0.01	0.01	0.01	0.02	0.01
Cuora amboinensis	17.0 ±	16.3 ±	19.8 ±	19.5 ±	10.0 ±	**3.0 ± 0**	0.01	0.01	0.01	0.01	0.01	0.01	0.01	0.01	0.01
Cyclemys gemeli	15.1 ±	14.7 ±	18.5 ±	18.5 ±	13.5 ±	13.1 ±	**1.0 ± 0**	0.02	0.01	0.01	0.01	0.01	0.01	0.01	0.01
Pangshura sylhetensis	20.0 ±	21.0 ±	19.2 ±	17.8 ±	20.0 ±	19.2 ±	19.6 ±	**2.0 ± 0**	0.01	0.01	0.01	0.01	0.01	0.01	0.01
Pangshura tentoria	18.3 ±	18.8 ±	17.8 ±	15.8 ±	18.5 ±	18.8 ±	16.4 ±	8.8 ±	**0**	0	0.01	0.01	0.01	0.01	0.01
Pangshura smithii	19.7 ±	20.0 ±	18.1 ±	16.7 ±	19.5 ±	18.7 ±	17.1 ±	7.4 ±	3.7 ±	**n/c**	0.01	0.01	0.01	0.01	0.01
Pangshura tecta	21.3 ±	20.6 ±	17.6 ±	15.5 ±	19.6 ±	18.8 ±	17.0 ±	9.0 ±	7.8 ±	7.4 ±	**0**	0.01	0.01	0.01	0.01
Batagur kachuga	18.5 ±	17.6 ±	18.7 ±	16.6 ±	17.9 ±	18.9 ±	16.8 ±	11.3 ±	12.8 ±	12.0 ±	12.6 ±	**n/c**	0	0.01	0.01
Batagur baska	19.1 ±	17.8 ±	18.8 ±	17.0 ±	17.6 ±	18.2 ±	17.0 ±	11.8 ±	12.9 ±	12.2 ±	13.0 ±	3.5 ±	**n/c**	0.01	0.01
Batagur dhongoka	17.1 ±	16.7 ±	18.0 ±	13.9 ±	19.6 ±	17.9 ±	14.0 ±	13.3 ±	11.9 ±	11.6 ±	11.9 ±	6.1 ±	7.2 ±	**n/c**	0.01
Hardella thurjii	17.7 ±	16.0 ±	20.9 ±	15.4 ±	18.3 ±	18.2 ±	18.1 ±	14.2 ±	14.6 ±	14.1 ±	14.3 ±	9.1 ±	10.3 ±	8.7 ±	**n/c**

Table 23: *p* divergência entre as espécies de tartarugas de carapaça dura encontradas no cast e no NE da Índia. As letras a negrito indicam a distância conspecífica de cada espécie. O canto superior direito indica os erros padrão.

Species															
Melanochelys trijuga	**0**	0	0.01	0.01	0.01	0.01	0.01	0.01	0.01	0.01	0.01	0.01	0.01	0.01	0.01
Melanochelys tricarinata	4.5 ±	**n/c**	0.01	0.01	0.01	0.01	0.01	0.01	0.01	0.01	0.01	0.01	0.01	0.01	0.01
Geoclemys hamiltonii	15.9 ±	16.0 ±	**1.0 ± 0**	0.01	0.01	0.01	0.01	0.01	0.01	0.01	0.01	0.01	0.01	0.01	0.01
Morenia petersi	16.2 ±	16.2 ±	15.8 ±	**n/c**	0.01	0.01	0.01	0.01	0.01	0.01	0.01	0.01	0.01	0.01	0.01
Cuora mouhotii	14.7 ±	13.8 ±	16.5 ±	16.8 ±	**1.0 ± 0**	0	0.01	0.01	0.01	0.01	0.01	0.01	0.01	0.01	0.01
Cuora amboinensis	14.8 ±	14.3 ±	16.9 ±	16.7 ±	9.1 ±	**2.0 ± 0**	0.01	0.01	0.01	0.01	0.01	0.01	0.01	0.01	0.01
Cyclemys gemeli	13.4 ±	13.1 ±	16.1 ±	16.0 ±	12.1 ±	11.8 ±	**1.0 ± 0**	0.01	0.01	0.01	0.01	0.01	0.01	0.01	0.01
Pangshura sylhetensis	17.3 ±	17.9 ±	16.7 ±	15.6 ±	17.2 ±	16.5 ±	16.8 ±	**2.0 ± 0**	0.01	0.01	0.01	0.01	0.01	0.01	0.01
Pangshura tentoria	15.9 ±	16.3 ±	15.6 ±	14.0 ±	15.9 ±	16.1 ±	14.4 ±	8.2 ±	**0**	0	0.01	0.01	0.01	0.01	0.01
Pangshura smithii	16.9 ±	17.1 ±	15.7 ±	14.6 ±	16.7 ±	16.1 ±	14.9 ±	6.9 ±	3.6 ±	**n/c**	0.01	0.01	0.01	0.01	0.01
Pangshura tecta	18.1 ±	17.6 ±	15.4 ±	13.7 ±	16.8 ±	16.1 ±	14.9 ±	8.4 ±	7.3 ±	6.9 ±	**0**	0.01	0.01	0.01	0.01
Batagur kachuga	16.1 ±	15.4 ±	16.2 ±	14.6 ±	15.7 ±	16.3 ±	14.8 ±	10.3 ±	11.5 ±	10.8 ±	11.3 ±	**n/c**	0	0	0.01
Batagur baska	16.6 ±	15.6 ±	16.3 ±	14.9 ±	15.4 ±	15.8 ±	15.0 ±	10.7 ±	11.6 ±	11.0 ±	11.7 ±	3.4 ±	**n/c**	0.01	0.01
Batagur dhongoka	15.1 ±	14.7 ±	15.7 ±	12.5 ±	16.9 ±	15.6 ±	12.6 ±	11.9 ±	10.8 ±	10.5 ±	10.8 ±	5.8 ±	6.8 ±	**n/c**	0.01
Hardella thurjii	15.5 ±	14.2 ±	17.8 ±	13.7 ±	15.9 ±	15.9 ±	15.7 ±	12.7 ±	12.9 ±	12.5 ±	12.7 ±	8.5 ±	9.5 ±	8.1 ±	**n/c**

Table 24: Divergência de máxima verosimilhança composta (MCL) entre as espécies de tartarugas de casco duro. As letras a negrito indicam a distância conspecífica de cada espécie. O canto superior direito indica os erros padrão.

Species															
Melanochelys trijuga	**0**	0	0.02	0.02	0.02	0.02	0.01	0.02	0.02	0.02	0.02	0.02	0.02	0.02	0.02
Melanochelys tricarinata	4.7 ±	**n/c**	0.02	0.02	0.02	0.02	0.01	0.02	0.02	0.02	0.02	0.02	0.02	0.02	0.02
Geoclemys hamiltonii	18.7 ±	18.8 ±	**1.0 ± 0**	0.02	0.02	0.02	0.02	0.02	0.02	0.02	0.02	0.02	0.02	0.02	0.02
Morenia petersi	19.2 ±	19.1 ±	18.5 ±	**n/c**	0.02	0.02	0.02	0.02	0.01	0.02	0.01	0.02	0.02	0.01	0.02
Cuora mouhotii	16.8 ±	15.7 ±	19.4 ±	19.8 ±	**1.0 ± 0**	0.01	0.01	0.02	0.02	0.02	0.02	0.02	0.02	0.02	0.02
Cuora amboinensis	16.8 ±	16.3 ±	19.9 ±	19.6 ±	9.9 ±	**2.0 ± 0**	0.01	0.02	0.02	0.02	0.02	0.02	0.02	0.02	0.02
Cyclemys gemeli	15.1 ±	14.8 ±	18.8 ±	18.7 ±	13.4 ±	13.1 ±	**1.0 ± 0**	0.02	0.01	0.02	0.02	0.02	0.02	0.01	0.02
Pangshura sylhetensis	20.6 ±	21.4 ±	19.8 ±	18.1 ±	20.4 ±	19.4 ±	19.9 ±	**2.0 ± 0**	0.01	0.01	0.01	0.01	0.01	0.01	0.01
Pangshura tentoria	18.7 ±	19.2 ±	18.2 ±	15.9 ±	18.5 ±	18.7 ±	16.4 ±	8.9 ±	**0**	0	0.01	0.01	0.01	0.01	0.01
Pangshura smithii	20.0 ±	20.1 ±	18.3 ±	16.6 ±	19.5 ±	18.6 ±	17.1 ±	7.4 ±	3.7 ±	**n/c**	0.01	0.01	0.01	0.01	0.01
Pangshura tecta	21.6 ±	20.9 ±	17.9 ±	15.5 ±	19.6 ±	18.7 ±	17.1 ±	9.1 ±	7.7 ±	7.4 ±	**0**	0.01	0.01	0.01	0.01
Batagur kachuga	19.0 ±	18.0 ±	18.9 ±	16.6 ±	18.3 ±	19.1 ±	17.1 ±	11.4 ±	12.6 ±	11.9 ±	12.5 ±	**n/c**	0	0.01	0.01
Batagur baska	19.6 ±	18.2 ±	19.1 ±	17.1 ±	18.0 ±	18.5 ±	17.3 ±	11.9 ±	12.8 ±	12.1 ±	12.9 ±	3.5 ±	**n/c**	0.01	0.01
Batagur dhongoka	17.6 ±	17.1 ±	18.4 ±	14.1 ±	19.9 ±	18.1 ±	14.3 ±	13.3 ±	11.8 ±	11.5 ±	11.9 ±	6.0 ±	7.2 ±	**n/c**	0.01
Hardella thurjii	18.2 ±	16.4 ±	21.1 ±	15.7 ±	18.7 ±	18.6 ±	18.3 ±	14.3 ±	14.4 ±	14.0 ±	14.2 ±	9.1 ±	10.3 ±	8.7 ±	**n/c**

Table 25: Divergência Kimura-2-paramctcr (K2P) entre as espécies de tartarugas

Espécies				
Indotestudo elongata	LO ±0			
Indotestudo para a forsteni i	3.4 ±0	3.0 ±0.01		
Manouria emys	14.0 ±0.01	15.0 ±0.01	2.0 ±0	
Geochelone elegans	14.3 ±0.01	13.8 ± 0.01	15,3 ± 0,01	n/c

As letras a negrito indicam a distância conspecífica de cada espécie

Quadro 26: divergência de p entre as espécies de tartarugas encontradas no cast e no NE da Índia

Espécies			
Indotestudo elongata	LO ±0		
Indotestudo forstenii	3.3 ±0	3.0 ±0	
Manouria emys	12.5 ±0.01	13.3 ±0.01	2.0 ±0
Geochelone elegans	12.7 ± 0.01	12.4 ±0.01	13,5 ±0,01 n/c

As letras a negrito indicam a distância conspecífica de cada espécie

Tabela 27: Divergência de máxima verosimilhança composta (MCL) entre as espécies de tartarugas encontradas no cast e no NE da Índia.

Espécies			
Indotestudo elongata	1.0 ±0		
Indotestudo para forsteni i	*a*3.4 ±0	**3.0 ±0.01**	
Manouria emys	14.0 ±0.01	15.0 ±0.01	2.0 ±0
Geochelone elegans	14.2 ±0.01	13.8 ±0.01	15,2 ±0,01 n/c

As letras em negrito indicam a distância conspecífica de cada espécie

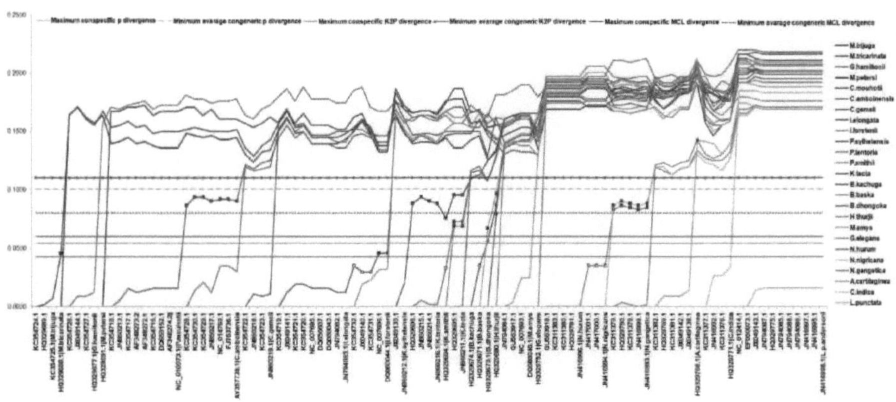

Figura 23: Divergência K2P congénere e conspecífica para 60 sequências de 17 espécies de tartarugas e cágados da Índia Central e do Nordeste e a sua lacuna de código de barras existente através de três parâmetros diferentes (K2P, *p* e MCL). A linha reta horizontal verde representa a possível lacuna do código de barras *(*distância *p*), a linha vermelha representa a lacuna do código de barras gerada pela divergência K2P e a linha azul representa a lacuna do código de barras gerada pela divergência MCL para estes conjuntos de dados actuais. As caixas vermelhas, verdes e azuis representam as espécies que divergem entre si mantendo uma lacuna de código de barras específica e as caixas laranja e cor-de-rosa representam algumas espécies que não mantêm a lacuna de código

de barras para a sua especiação.

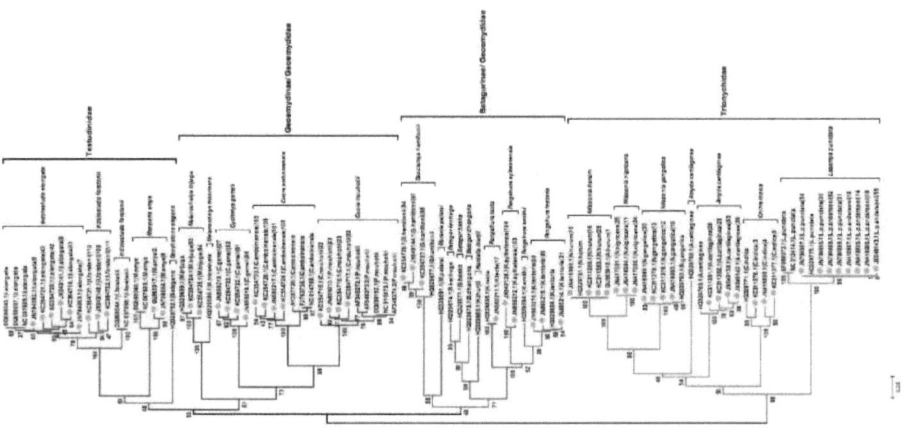

Figura 24: A árvore de vizinhança (NJ) das tartarugas e cágados do leste e do nordeste da Índia. As quatro cores mostram a distribuição por família ou subfamília das espécies existentes. As manchas cinzentas mostram as sequências desenvolvidas para o presente estudo e a sua posição exacta no agrupamento.

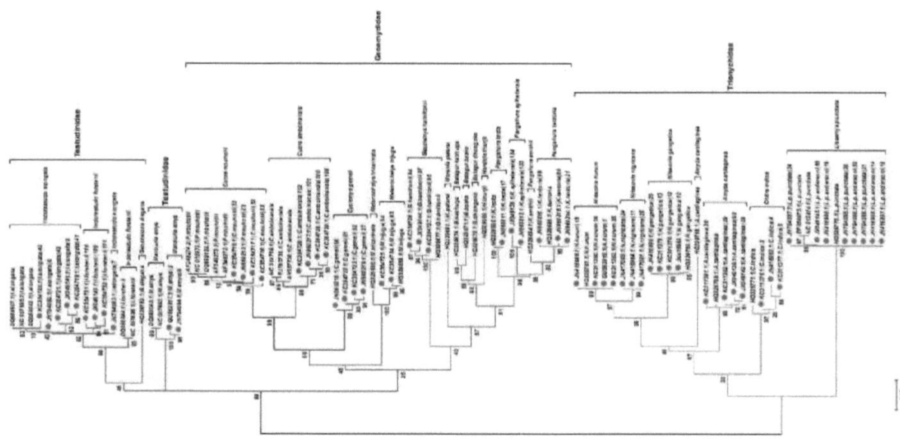

Figura 25: Árvore Ihc maxi mum-Iikeli hood (ML) de tartarugas e cágados da Índia do Norte e Nordeste. As quatro cores mostram a distribuição por família ou subfamília das espécies existentes. As manchas cinzentas mostram as sequências desenvolvidas para o presente estudo e a sua posição exacta no agrupamento.

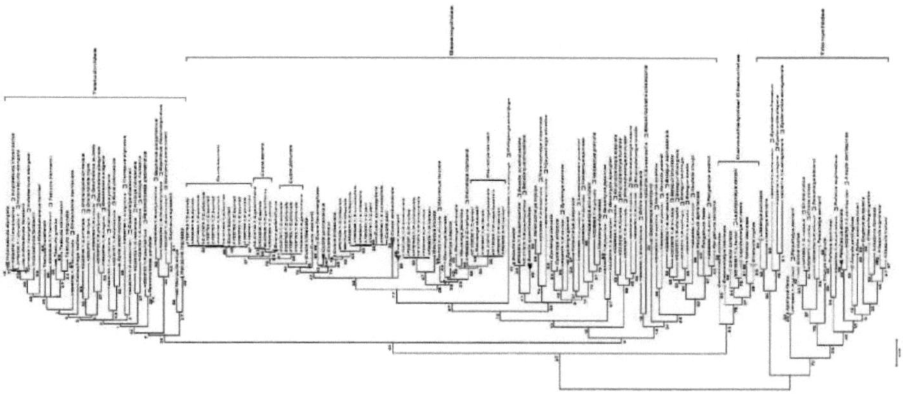

Figura 26: A árvore de máxima verosimilhança (ML) de todas as tartarugas e cágados do mundo, juntamente com todos os representantes da presente investigação. As cinco cores mostram a distribuição por família das espécies existentes. No cladograma estão comprimidas mais do que uma sequência. O agrupamento de várias espécies é assinalado por uma linha a tracejado.

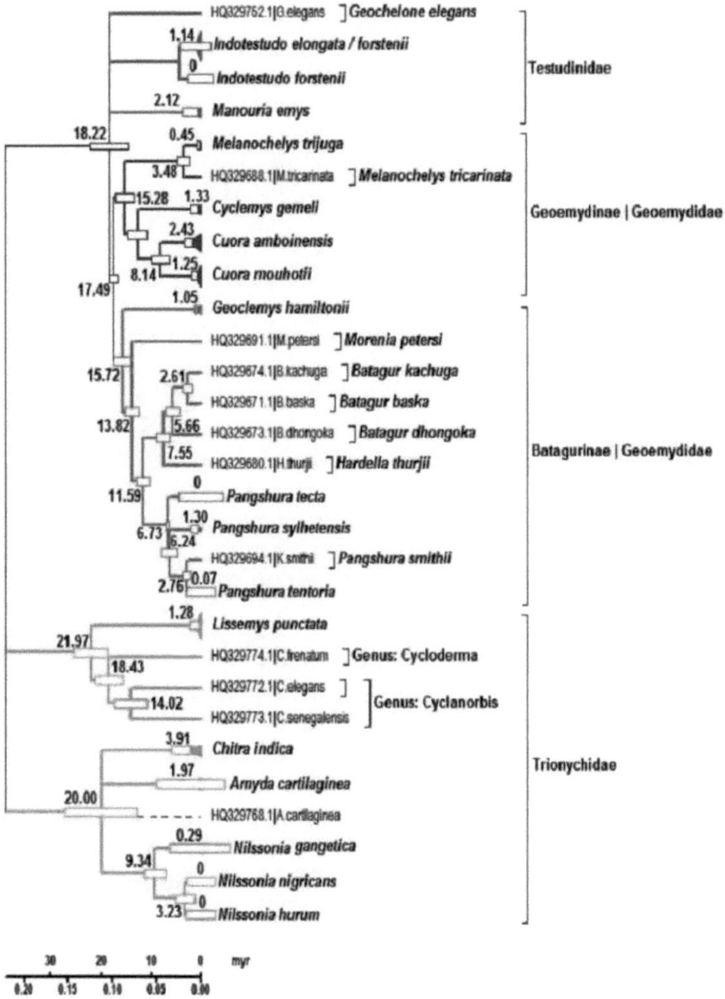

Figure 27: O tempo aproximado de divergência molecular para os Tcstudincs indianos estimado por um relógio molecular relaxado. As quatro cores mostram o agrupamento por família ou subfamília. As nozes perto de cada nó representam o tempo aproximado de divergência.

5. DISCUSSÃO

As regiões oriental e NE da Índia albergam uma grande diversidade de espécies de quelónios aquáticos e terrestres. Os principais rios e zonas húmidas destas regiões são o berço de 6 tartarugas de carapaça mole ornamentais e lucrativas. A maioria dos espécimes foi comercializada ou capturada por um caçador, o que fez com que este grupo de herpetofauna se tornasse ameaçado de extinção na natureza (IUCN 2012). Embora estas espécies sejam muito lucrativas para os humanos, há falta de contribuição para a proteção destas espécies ou para as salvar de ameaças através de uma identificação adequada. A fim de enriquecer a população de tartarugas no ecossistema e torná-la economicamente viável, são necessários programas de sensibilização, bem como abordagens forenses de base molecular. Nas últimas décadas, a combinação de taxonomia e métodos moleculares representou um novo cenário para a sistemática de tartarugas e cágados. Embora as chaves taxonómicas para todas as espécies de quelónios sejam acessíveis, a divergência genética a nível populacional reflecte-se muito bem, o que cria problemas na identificação. As bases de dados globais reuniram muitas sequências de genes em todo o mundo e podem ser acedidas através do domínio público. As abordagens baseadas em sequências, especialmente o gene *COI* do mtDNA, e a sua eficácia abrangeram um grande grupo de Testudines, tanto para identificação como para reavaliação. As ferramentas de pesquisa de semelhanças de sequências (BLASTn e BOLD-IDs) foram eficazes para fornecer um diagnóstico rápido das amostras em causa (Stoeckle et al. 2011; Wong et al. 2011). Com base na consistência da semelhança específica entre as duas bases de dados, o nível de semelhança percentual até 98% foi considerado específico e significativo. Esta técnica de identificação é muito útil e fornece informações completas sobre qualquer espécie estruturada ou não estruturada de tartaruga e cágado. Os caracteres nucleotídicos ou de aminoácidos aninhados nas sequências particulares podem expressar a informação específica de cada espécime quelónio. Para além disso, as características das sequências e a análise de determinados parâmetros (K2P, MCL) são essenciais para discriminar as espécies umas das outras. Tanto os métodos baseados em caracteres como os baseados em distâncias (NJ, ML) continuam a ser úteis para a revisão cladística e a reavaliação evolutiva, a fim de fornecer as linhagens sistemáticas completas da diversidade de tartarugas e cágados. Além disso, a informação genética sobre qualquer espécie em particular e a informação sobre os seus fósseis seriam essenciais para calibrar o tempo de divergência para a especiação e estabelecer o seu padrão evolutivo. As regiões estudadas neste programa de investigação compreendem os 3 grupos de quelónios pertencentes a 3 famílias e as suas justificações relacionadas com a presente abordagem molecular (código de barras de ADN) são discutidas a seguir:

5.1. Tartarugas de carapaça mole: Família - Trionychidae:

A ferramenta de pesquisa de semelhança de sequências (BLASTn e Bold-IDs) foi maravilhosa e proporcionou um diagnóstico rápido das amostras de consulta (Stoeckle et al. 2011). Neste estudo, as semelhanças obtidas para diferentes espécimes situaram-se no intervalo de 94% a 100%. Com base na consistência da semelhança específica entre as duas bases de dados, o nível de semelhança percentual até 98% foi considerado específico e significativo. A maioria das sequências que apresentavam ≥98% de semelhança foram adquiridas da base de dados para análise de divergência. Embora a maioria dos resultados da pesquisa de semelhanças do BLASTn estivesse a par do BOLD-IDs, com uma exceção (JN416992.1 e KC311377.1), a identificação BOLD teve mais peso, uma vez que o BOLD-IDS trata especificamente da identificação de espécies com base em sequências de códigos de barras. Os resultados do BOLD-ID classificaram 26 amostras recolhidas em 5 espécies diferentes de trioniquídeos, nomeadamente *Nilssonia gangetica*, *Nilssonia hurum*, *Chitra indica*, *Amyda cartilaginea* e *Lissemys punctata*, pertencentes à família Trionychidae. Entre elas, a designação de duas espécies permaneceu inconclusiva devido à semelhança insignificante em BLASTn e Bold-IDS. No entanto, a morfologia caraterística sugeriu que se tratava de espécies de *Nilssonia nigricans* e Chitra. Várias anomalias nos caracteres morfológicos e no padrão de distribuição de Chitra foram registadas anteriormente (McCord e Pritchard 2002). *A Chitra indica* é a única congénere do género Chitra na Índia e tem sido referida como habitando uma vasta área geográfica desde o Paquistão até ao Bangladesh (Engstrom e McCord 2002). *Chitra vandijki* é um congénere de Chitra que foi registado como uma nova espécie de Myanmar e é suposto ser um congénere muito próximo de *Chitra indica*. Além disso, foram registadas duas subespécies, *Chitra chitra chitra* e *Chitra chitra javanensis,* da Tailândia à Malásia e Indonésia, respetivamente (Engstrom et al. 2002). Os congéneres de Chitra e Nilssonia do nordeste da Índia foram identificados como *Chitra indica* e *Nilssonia nigricans*, respetivamente (Das 1995). Por conseguinte, as sequências de códigos de barras geradas para as espécies *Nilssonia nigricans* e Chitra foram submetidas ao GenBank, de acordo com o nosso conhecimento do atual estatuto taxonómico. A discriminação haplotípica entre as tartarugas de carapaça mole foi comparada com a deteção dos seus SNPs, tendo-se verificado uma variabilidade genética muito baixa entre elas. A espécie *Lissemys punctata* tem apenas 9 sítios SNPs entre as duas populações distantes, que são conhecidas como duas subespécies distintas de *Lissemys punctata*, a saber, *Lissemys punctata punctata* e *Lissemys punctata andersonii* (Praschag et al. 2011). As outras duas espécies *Amyda cartilaginea* e *Chitra indica* também apresentam vários sítios SNP devido à sua ampla distribuição geográfica ou às suas várias intergradações. A sequência desta tartaruga de carapaça mole contém muitas alterações nos seus conjuntos de aminoácidos, mas também mantém substituições sinónimas entre as sequências para alterar as propriedades semelhantes dos aminoácidos (Avise et al. 1992). A identificação das outras 3 amostras com base em características morfológicas e numa técnica avançada de reavaliação molecular permitiu documentar a existência de *Nilssonia nigricans* no habitat selvagem do nordeste da Índia. A divergência mínima interespecífica K2P e ML de *Nilssonia nigricans* mostrou 3,8% ± 0 e 4% ± 0 de divergência com *Nilssonia hurum* e manteve o estatuto de espécie distinta. A filogenia NJ e ML reflectiu o agrupamento distinto de todas as sequências de consulta com as suas sequências conspecíficas da base de dados e apresentou um clado distinto para todos os indivíduos de *Nilssonia nigricans*. Embora *a Nilssonia nigricans* tenha sido considerada há muito tempo como "extinta na natureza" (IUCN 2012), este estudo apresenta provas baseadas no código de barras da *Nilssonia nigricans* nos habitats selvagens do NE da Índia. A filogenia atual permanece semelhante à filogenia anteriormente explicada por Engstrom et al. (2004). No entanto, estudos mais específicos de *Chitra indica* e da *Chitra chitra* do sudeste asiático ajudariam a concluir a sua conspecificidade. A análise cladística comparativa com sequências disponíveis globalmente mostra um agrupamento indistinto na filogenia ML de *Pelochelys cantorii*; também *Amyda cartilaginea* se aproxima de *Palea steindachneri* e *Dogania subplana* está muito próxima do género *Nilssonia*. Todas as tartarugas Softshell divergiram evolutivamente umas das outras no período Neogénico. No período *Neogénico,* as duas subfamílias, Cyclanorbinae e Trionychinae, divergiram na época *Miocénica* e, dentro destas espécies, divergiram entre si na época *Pliocénica* e na época *Miocénica*. A tartaruga de carapaça mole, devido à grande procura de alimentos e de outros fins lucrativos, tem sido fortemente explorada a partir das populações selvagens (Gibbons et al. 2000). As suas populações estão a diminuir devido à colheita indiscriminada. Algumas tartarugas de carapaça mole foram declaradas em perigo de extinção e constam da lista da CITES, mas a sua conservação não é profunda (Gong et al. 2006). Se a propagação artificial de tais espécies aquáticas ameaçadas for efectuada, a pressão da colheita sobre a população selvagem será reduzida e a conservação real poderá ser alcançada. Neste contexto, as características específicas da história de vida da tartaruga de carapaça mole devem ser compreendidas para gerar informações sobre a sua biologia e ecologia.

5.2. Tartarugas de casco duro: Família - Geoemydinae:

A identidade da tartaruga Geoemydidae é confirmada pela ferramenta de pesquisa de semelhança de sequências (BLASTn e Bold-IDs). Neste estudo, os resultados de semelhança para diferentes espécimes de tartarugas de carapaça dura situaram-se entre 98% e 100%. Os resultados do BLASTn categorizaram 23 indivíduos vivos recolhidos em 8 espécies diferentes de Geoemydidae. Entre elas, a designação de duas espécies, *Cyclemys gemeli* e *Pangshura sylhetensis,* permaneceu inconclusiva devido à semelhança insignificante no BLASTn. No entanto, as características morfológicas sugerem que se trata da mesma espécie. A tartaruga de carapaça dura está amplamente distribuída e a maior parte delas apresenta diferentes tipos de variação populacional, o que se reflecte na variação dos SNPs (4 a 28) entre os seus haplótipos. A identificação de algumas amostras com base em características morfológicas e numa técnica avançada de reavaliação molecular documentou-as no habitat selvagem do nordeste da Índia e contribuiu para a base de dados global como novas sequências para investigação futura. As divergências K2P e ML das espécies de Geoemydidae mantiveram uma diferença distinta entre elas e avaliaram o estatuto da espécie. A filogenia NJ e ML reproduziu o agrupamento distinto de todas as sequências de consulta para o presente estudo com as suas sequências de base de dados conspecíficas e descreveu um clado distinto para todos os indivíduos, tal como descrito na literatura anterior (Stuart e Parham 2004; Spinks e Shaffer 2006, 2007; Spinks et al. 2009 e Praschag et al. 2009). A comparação global agrupou ainda mais com nós distintos, mas com alguns agrupamentos ambíguos. Muitas espécies dos géneros Cuora e Mauremys e algumas sequências de *Malayemys subtrijuga*, *Cyclemys dentata* e *Siebenrockiella crassicollis* estão agrupadas de forma ambígua devido à falta de identificação exacta das espécies ou à submissão incorrecta das sequências nas bases de dados. O relógio molecular relaxado apoia ainda mais as divergências das espécies de tartarugas de carapaça dura também no período *Neogénico*. As duas subfamílias nomeadas, Geoemydinae e Batagurinae, também divergiram entre si na época *do Mioceno* e as espécies divergiram após o *Plioceno*. A maior parte das espécies de tartarugas de carapaça dura, com uma variação de cor atractiva e valor ornamental, que seriam muito procuradas para fins comerciais, foram retiradas da natureza. Muitas delas estão classificadas como espécies ameaçadas, mas a sua proteção adequada não é assegurada. A criação em cativeiro de tais espécies em habitats ecológicos adequados permitir-lhes-ia sobreviver na natureza e torná-las-ia mais rentáveis para o homem.

5.3. Tartarugas terrestres: Família - Testudinidae:

Até à data, a região do nordeste da Índia era habitada por duas tartarugas terrestres, *Manouria emys* e *Indotestudo elongata*, enquanto o *Indotestudo forstenii* da Indonésia e *o Indotestudo travancorica* do sul da Índia eram considerados endémicos através da taxonomia convencional e apoiados por abordagens moleculares. Com base numa análise morfométrica, duas populações geográficas distintas de *Manouria emys* foram classificadas como subespécies, a saber, *Manouria emys phayrei* e *Manouria emys emys* (Schaffer e Morgan 2002). Os indivíduos selvagens de *Manouria emys* recolhidos no nordeste da Índia apresentam caracteres morfológicos semelhantes aos definidos para a subespécie *Manouria emys phayrei* do norte da Ásia (Fig. 28). Embora as características morfológicas corroborem a existência de três representantes diferentes nas regiões do NE, a discriminação das subespécies pelo gene *COI não* é indicada de forma adequada. Os resultados de BLASTn e BOLD-IDs das nossas sequências de consulta encontraram semelhança com as sequências mitocondriais completas de *Manouria emys* (N.º de acesso NC007693 e DQ080040; Espécime Voucher MVZ238129 do Museu de Zoologia de Vertebrados e da Academia de Ciências da Califórnia). Por conseguinte, as sequências de códigos de barras geradas foram submetidas ao GenBank com o nome *Manouria emys*. As sequências de códigos de barras desenvolvidas de *Manouria emys* (n=2), embora não apresentassem diferenças entre si, exerceram 2% ± 0 de divergência intra-específica K2P e ML com as sequências da base de dados (n=2). A árvore NJ e ML apresentou ainda um clado separado com 100 bootstrap entre os dois conjuntos de dados (sequências desenvolvidas e do GenBank) de *Manouria emys*. A divergência genética observada entre os dois conjuntos de dados de *Manouria emys* pode talvez estar relacionada com o estatuto de subespécie, tal como proposto anteriormente através de estudos morfológicos. Se a informação sobre a localidade das sequências da base de dados de *Manouria emys tivesse* sido fornecida, seria mais fácil especular sobre o estatuto de subespécie através de evidências moleculares. Além disso, as espécies congéneres de Indotestudo são alegadamente habitadas em locais geográficos distantes; entre elas, *Indotestudo forstenii* é a espécie nomeada mais antiga e que se crê estar restrita a Sulawesi, Indonésia, *Indotestudo elongata* distribui-se pelo leste e nordeste da Índia, Myanmar, Los Angeles, Tailândia, Camboja e Vietname, e *Indotestudo travancorica* está restrita ao sul da Índia. Segundo afirmações anteriores, *Indotestudo travancorica* e *Indotestudo forstenii* são difíceis de distinguir, pelo que foram consideradas espécies sinónimas da mais antiga (Ives 2006; Ives et al. 2008). Além disso, a hipótese anterior que reconhece o *Indotestudo forstenii* da Indonésia como sendo distinto do *Indotestudo elongata* parece intuitiva. Embora seja difícil distinguir as espécies de Indotestudo de vida selvagem através de características morfológicas, os caracteres taxonómicos existentes sustentam que o espécime recolhido é *Indotestudo elongata* e *Indotestudo forstenii* que habitam nas fronteiras de Assam e Mizoram. No entanto, as variações morfológicas entre os congéneres de Indotestudo, predominantemente no comprimento da sutura inter-humoral em relação à sutura interpectoral, observadas no estudo, podem estar relacionadas com a variação ecotípica entre populações distantes da mesma espécie (Fig. 28). Este estudo forneceu as principais evidências morfológicas do *Indotestudo forstenii*; a existência no NE da Índia elimina a hipótese prevalecente de endemismo na Indonésia. No estudo, nota-se ainda que a escama nucal, caraterística identificada em

Indotestudo elongata, não permanece sempre estreita, mas varia em largura (extremidade posterior mais larga do que a anterior) entre diferentes indivíduos em diferentes fases da vida (Fig. 28). As espécies *Indotestudo elongata*, *Indotestudo forstenii* e *Indotestudo travancorica*, apesar de apresentarem diferenças morfológicas, são geneticamente menos divergentes ao nível das espécies nas sequências de códigos de barras. A filogenia NJ e ML reflecte um agrupamento não autónomo de todos os congéneres de *Indotestudo* com divergências interespecíficas mínimas em relação às outras espécies e não viola os critérios de divergência, como nos casos relatados em várias outras tartarugas e cágados. No entanto, é evidente, em alguns casos, que as baixas taxas de evolução molecular e de rearranjo cromossómico nas tartarugas podem tornar possível a hibridação, atrasando a evolução das barreiras genéticas à reprodução. Além disso, como os genes mitocondriais tendem a acumular diferenças a um ritmo várias vezes mais lento na tartaruga do que noutros vertebrados, as espécies consideradas "radiações recentes" serão provavelmente quase iguais. É evidente no estudo que os congéneres do Indotestudo são geneticamente muito idênticos no segmento parcial do gene *COI*. Se as sequências de réplicas dos congéneres de Indotestudo forem enriquecidas na base de dados a partir de vastas áreas geográficas, o carácter sinapomórfico entre os congéneres seria substanciado e rectificaria a taxonomia ambígua das espécies. As abordagens do relógio molecular apoiam ainda mais as divergências das espécies de tartarugas também no período *Neogénico*. As tartarugas terrestres do leste e do nordeste da Índia divergiram umas das outras nos mesmos períodos, na época *Miocénica*.

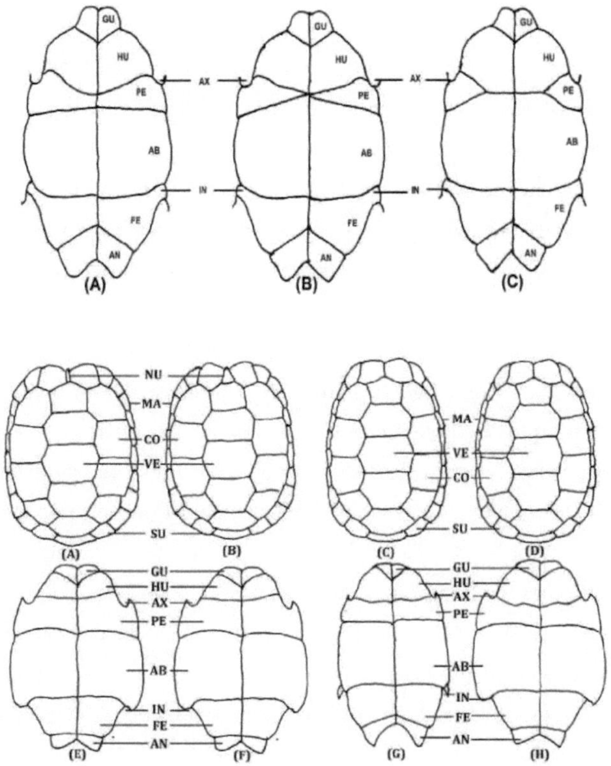

Figura 28: O padrão do plastrão de três tipos diferentes de *Manouria emys* (acima): (A) *Manouria emys phayrei* (B) *Manouria emys* intermediate (C) *Manouria emys emys* e padrão do plastrão da carapaça de espécies de Indotestudo (abaixo): (A, B, E. F) *Indotestudo elongata* (C, G) *Indotestudo travancorica* e (D, H) *Indotestudo fors tenii.*

6. RESUMO:

A tartaruga e o cágado são os grupos mais importantes de répteis que têm funções benéficas no ecossistema, mas a sua população está a diminuir devido a várias ameaças ambientais e antropogénicas. A fim de proteger estas espécies ameaçadas num ecossistema, é muito necessária uma identificação exacta ao nível da espécie, bem como a caraterização das características específicas da história de vida da espécie. Os métodos taxonómicos tradicionais continuam a ser incapazes de identificar muitas espécies de quelónios, particularmente no caso de juvenis e de amostras não estruturadas comercializadas. Embora nos últimos anos, as técnicas moleculares baseadas em marcadores genéticos tenham melhorado o sistema de identificação de espécies, vários marcadores genéticos testados não conseguiram tornar-se universais para um grupo diversificado de animais. Com o aparecimento da citocromo oxidase I mitocondrial como marcador universal comprovado de espécies, a técnica molecular ganhou impulso. Um segmento parcial do ADN mitocondrial (650 pb do gene mtCOI) tornou-se popular como região de código de barras de ADN e a ideia é espantosa pelo seu esforço no sentido de uma consistência rígida, de uma base de dados de sequências generalizada e de programas desafiantes para cooperativas de investigação internacionais em grande escala. Os caracteres nucleotídicos das sequências de genes específicos constituem a informação exacta para as respectivas espécies. A análise das sequências através de parâmetros estatísticos (K2P, MCL) é principalmente necessária para a discriminação das espécies. As abordagens baseadas em caracteres e em distâncias demonstraram a sua eficácia na alteração da cladística e na reavaliação evolutiva, a fim de apresentar os pedigrees sistemáticos completos da diversidade dos quelónios. A reunião desta informação genética com outra informação específica da espécie, como o nome científico e a informação sobre a localidade, seria benéfica para estabelecer dados relativos à espécie.

Este programa de investigação documentou 17 espécies de três famílias com base na morfologia e identificou os habitats adequados nas regiões leste e nordeste do subcontinente indiano. Algumas das espécies estudadas, nomeadamente *Nilssonia hurum*, *Nilssonia nigricans*, *Lissemys punctata*, *Cyclemys gemeli*, *Cuora mouhotii*, *Manouria emys*, *Indotestudo elongata* e *Indotestudo forstenii*, apresentam várias características morfológicas equívocas, o que dificulta a sua identificação. Um fragmento de aproximadamente 650 pb do gene *COI* foi amplificado utilizando um par de primers publicado para peixes e foram desenvolvidas sequências específicas para a identificação das espécies. Estas sequências foram submetidas às bases de dados GenBank e BOLD, tendo sido adquiridos os acessos adequados. A pesquisa de semelhança de sequências através de BLASTn e BOLD IDs confirmou com êxito tanto as espécies desconhecidas como as morfologicamente identificadas. Além disso, para reconhecer a associação cladística e estimar o tempo aproximado de divergência, foram estabelecidos a filogenia e o relógio molecular. As espécies estudadas pertencem a três famílias e mantiveram um intervalo suficiente entre os códigos de barras interespécies. Em alguns casos, nomeadamente *Chitra indica* e *Amyda cartilaginea,* verificou-se uma perturbação da cladística em alguns indivíduos, o que pode ter sido causado por uma identificação incorrecta ou por uma marcação errada das sequências nas bases de dados. No entanto, uma espécie importante, *Nilssonia nigricans*, considerada extinta na natureza, foi identificada a partir de uma amostragem selvagem e confirmada através de dados de código de barras. Além disso, algumas sequências de um membro da família Geoemydidae, *Cyclemys gemeli*, são a nova contribuição deste estudo. Na maior parte das vezes, os taxonomistas debruçam-se sobre a sistemática dos Testudines e estabelecem a diferenciação das espécies com base em alterações morfológicas visíveis. No entanto, as tartarugas terrestres *Manouria emys, Indotestudo elongata* e *Indotestudo forstenii* apresentam várias anomalias na descrição das espécies e na sua distribuição. Além disso, os investigadores identificaram morfologicamente 3 indivíduos diferentes de *Manouria emys* na região estudada com base nas suas características morfométricas e alargaram os limites de distribuição da tartaruga endémica indonésia *Indotestudo forstenii* na Índia. Este estudo demonstrou que a utilização do marcador *COI* permitiria ultrapassar as tradicionais dificuldades taxonómicas dos quelónios estudados, de modo a obter uma deteção mais precisa em instalações agrícolas e a facilitar a propagação selectiva de qualquer espécie ameaçada. Além disso, o relógio molecular relaxado mostrou que todas as espécies de Testudines estudadas divergiram umas das outras em períodos *neogénicos* (2,61 myr a 21,97 myr) depois de calibrar os dados moleculares com registos fósseis. No entanto, é necessário enriquecer as bases de dados com sequências *COI* múltiplas de cada espécie de tartaruga de várias localidades, a fim de fundamentar o sistema de identificação de espécies. A apresentação de dados de códigos de barras múltiplos para uma espécie em bases de dados acabaria por provar que o código de barras de ADN é uma ferramenta autêntica baseada na Web para a identificação de espécies.

7. Referências:

Adler, K. (2007) The Development of Systematic Reviews of the Turtles of the World. *Vertebrate Zoology* **57**: 139-148.

Ahmed, M.F., Das, A. e Dutta, S.K. (2009) Amphibians and Reptiles of Northeast India. A Photographic Guide, Aaranyak, Guwahati, 170 pp.

Alacs, E.A., Georges, A., FitzSimmons, N.N. e Robertson, J. (2009) DNA detetive: uma revisão das abordagens moleculares à investigação forense da vida selvagem. *Forensic Science, Medicine, and Pathology* **3**: 180-94.

Alacs, E.A., Hillyer, M.J., FitzSimmons, N.N. e Hughes, J.M. (2009) Desenvolvimento de marcadores de microssatélites na tartaruga australiana *Chelodina rugosa* e amplificação entre espécies. *Molecular Ecology* **9**: 350-353.

Al-Mohanna, S.Y. e George, P. (2010) Avaliação da origem de uma tartaruga cabeçuda, *Caretta caretta*, encontrada em águas do Kuwait, utilizando ADN mitocondrial. Zoologia no Médio Oriente, Vol. 49.

Altherr, S. e Freyer, D. (2000) The decline of Asian turtles (O declínio das tartarugas asiáticas). Munique: Pro Wildlife, 23 pp.

Angielczyk, K.D., Feldman, C.R. e Miller, G.R. (2011) Adaptive evolution of plastron shape in emydine turtles. *Evolution* **65**: 377-394.

Annandale, N. (1915) Notes on some Indian Chelonia. *Registo do Museu Indiano* **11**: 189-195.

Arif, I.A. and Khan, H.A. (2009) Molecular markers for biodiversity analysis of wildlife animals: a brief review. *Animal Biodiversity and Conservation* **32**: 9-17.

Austin, J.J., Arnold, E.N. e Bour, R. (2003) Terá havido uma segunda radiação adaptativa de tartarugas gigantes no Oceano Índico? Using mitochondrial DNA to investigate speciation and biogeography of Aldabrachelys (Reptilia, Testudinidae). *Molecular Ecology* **12**: 1415-1424.

Avise, J.C., Bowen, B.W., Lamb, T., Meylan, A.B. e Bermingham, E. (1992) Mitochondrial DNA evolution at a turtle's pace: evidence for low genetic variability and reduced microeveolutionary rate in Testudines. *Molecular Biology and Evolution* **9**: 457-473.

Barley, A.J., Spinks, P.Q., Thomson, R.C. e Schaffer, H.B. (2010) Catorze genes nucleares fornecem resolução filogenética para nós difíceis na árvore da vida das tartarugas. *Molecular Phylogenetics and Evolution* **55**: 1189-1194.

Barman, R. (1996) Ocorrência de tartarugas de concha mole de pavão indiano no campus da Universidade de Guwahati. *Journal of the Bombay Natural History Society* **93**: 591.

Barth, D., Bernhard, D., Fritzsch, G. e Fritz, U. (2004) O género de tartarugas de água doce *Mauremys* (Testudines, Geoemydidae) - um exemplo de disjunção este-oeste ou um conceito taxonómico errado? *Zoologica Scripta* **33**: 213-221.

Baruah, C. e Sharma, D.K. (2010) Tartaruga de olhos indianos *Morenia petersi* (Anderson, 1879) na enseada de Deepor, sítio Ramsar. *Reptile Rap* **9**: 6-7.

Beheregaray, L.B., Gibbs, J.P., Havill, N., Fritts, T.H., Powell, J.R. e Caccone, (2004) Giant tortoises are not so slow: rapid diversification and biogeographic consensus in the Galapagos. *Proceedings of the National Academy of Sciences* **101**: 6514-9.

Bergsten, J., Bilton, D.T., Fujisawa, T., Elliott, M., Monaghan, M.T., Balke, M., Hendrich, L., Geijer, J., Herrmann, J., Foster, G.N., Ribera, I., Nilsson, A.N., Barraclough, T.G. e Vogler, A.P. (2012) The Effect of Geographical Scale of Sampling on DNA Barcoding. *Systematic Biology* **61**: 851-869.

Bhattacharjee, M.J., Kundu, S., Ksh, M., Dhar, B., Mondal, R., Mahadani, P., Ahanthem, M. e Ghosh, S.K. (2012 a) Molecular Biology in DNA barcoding. Um livro de texto sobre DNA barcoding. Espaço do livro, Calcutá.

Bhattacharjee, M.J., Laskar, B.A., Dhar, B. e Ghosh, S.K. (2012 b) Identificação e reavaliação de bagres de água doce através de DNA Barcoding. *PLoS ONE* **7**: e49950.

Bhupathy, S., Choudhury, B.C. e Moll, M.O. (1992) Conservation and management of Fresh Water Turtles and Land Tortoises of India. Relatório técnico, Wildlife Institute of India, Dehradun.

Binying, C., Sherye, W. e Sim, Y.S. (2011) Saving the *Cuora amboinensis*, Bolsa de Investigação para Estudantes Little Green Dot, Nature Society (Singapura).

Biswas, S and Acharjyo, L.N. (1984) Observation of *Geochelone elegans* in captivity Orissa, India. *Journal of the Bombay Natural History Society* **81**: 707-708.

Bohm, M., Collen, B., Baillie, J.E.M., Bowles, P., Chanson, J., Cox, N., Hammerson, G., Hoffmann, M., Livingstone, S.R., Ram, M., et al. (2012) The conservation status of the world's reptiles. *Biological Conservation* **157**: 372-385.

Borisenko, A.V., Lim, B.K., Ivanova, N.V., Hanner, R.H. e Hebert, P.D.N. (2008) DNA barcoding in surveys of small mammal communities: a field study in Suriname. *Molecular Ecology Resources* **8**: 471-479.

Boulenger, G.A. (1890) The Fauna of British India, Including Ceylon and Burma. Reptilia e Batrachia. Taylor & Francis, Londres, 541 pp.

Boulenger, G.A. (1907) A new tortoise from Travancore. *Journal of the Bombay Natural History Society* **17**: 560-564.

Bowen, B.B., Nelson, W.S. e Avise, J.C. (1993) A molecular phylogeny for marine turtles: Trait mapping, rate assessment, and conservation relevance. *Proceedings of the National Academy of Sciences* **90**: 5574-5577.

Buhlmann, K.A., Akre, T.S.B., Iverson, J.B., Karapatakis, D., Mittermeier, R.A., Georges, A., Rhodin, A.G.J, vanDijk, P.P. e Gibbons, J.W. (2009) A Global Analysis of Tortoise and Freshwater Turtle Distributions with Identification of Priority Conservation Areas. Chelonian. *Conservation Biology* **8**: 116-149.

Bury, R.B. (1979) Population ecology of freshwater turtle. Turtle "s prospectives and research, John Wiley & Sons, Nova Iorque, 571-602 pp.

Caccone, A., Amato, G., Gratry, O.C., Behler, J. e Powell, J.R. (1999) A molecular phylogeny of four endangered Madagascar tortoises based on mtDNA sequences. *Molecular Phylogenetics and Evolution* **12**: 1-9.

Caccone, A., Gentile, G., Burns, C.E., Sezzi, E., Bergman, W., Ruelle, M., Saltonstall, K. e Powell, J.R. (2004) Extrema diferença na taxa de evolução do ADN mitocondrial e nuclear num grande ectotérmico, as tartarugas das Galápagos. *Molecular Phylogenetics and Evolution* **31**: 794-798.

Cao, Y., Sorenson, M.D., Kumazawa, Y., Mindell, D.P. e Andhasegawa, M. (2000) Phylogenetic position of turtles among amniotes: Evidence from mitochondrial and nuclear genes. *Gene* **259**: 139-148.

Caspers, G.J., Reindeers, G.J., Leunissen, J.A., Watte, J. e deJong, W.W. (1996) Protein sequences indicate that turtles ramched off from the amniote tree after mammals. *Journal of Molecular Evolution* **42**: 580-586.

Chandler, C.H. e Janzen, F.J. (2009) A posição filogenética das tartarugas de carapaça (Chelydridae) com base em dados de sequência de nucleótidos. *Copeia* 209-213.

Choudhury, A. (1995) Turtles recorded in Dibru Saikhowa Wildlife Sanctuary, Assam. *Jornal da Sociedade de Ecologia* **8**: 3-39.

Chun, L., Xiao-Chun, W., Olivier, R., Li-Ting, W. e Li-Jun, Z. (2008) An ancestral turtle from the Late Triassic of south western China. *Nature* **456**: 497-501.

Crumly, C.R. (1984) A hypothesis for the relationship of land tortoise genera (family Testudinidae). Studia Geologica Salmanticensia, *Studia Palaeochelonologica* **1**: 115124.

Cywinska, A., Hunter, F.F. e Hebert, P.D.N. (2006) Identificação de espécies de mosquitos canadianos através de códigos de barras de ADN. *Medical and Veterinary Entomology* **20**: 413-424.

Daniel, J.C. (1983) The book of Indian reptiles. *Journal of the Bombay Natural History Society*, 141 pp.

Das, A., Basu, D., Converse, L. e Choudhury, S.C. (2012 a) Herpetofauna do Santuário de Vida Selvagem de Katerniaghat, Uttar Pradesh, Índia. *Journal of Threatened Taxa* **4**: 2553-2568.

Das, A., Saikia, U., Murthy, B.H.C.K., Dey, S. e Dutta, S.K. (2009) A herpetofaunal inventory of Barail Wildlife Sanctuary and adjacent regions, Assam, north-eastern India, *Hamadryad* **34**: 117-134.

Das, I. (2009 b) *Melanochelys tricarinata. Chelonian Research Monograph* **5**: 025.1-025.5.

Das, I. (1985) Indian Turtles: A Field Guide. 119 pp.World Wildlife Fund- India (Eastern Region), 119 pp.

Das, I. (1990) Distributional records for the chelonians from North eastern India. *Journal of Bombay Natural History Society* **87**: 91-97.

Das, I. (1991) Color guide to the turtles and tortoises of the Indian Subcontinent. R and A Publishing Limited, Portishead, U. K. 133 pp.

Das, I. (1995) Turtles and tortoises of India, Oxford University Press, Bombaim, 179 pp.

Das, I. (2009 a) Prefácio. In: Colour guide to the amphibians and reptiles of northeast India. (Feroz M., Das A. e Dutta S. K. autores). Aranyak, Guwahati.

Das, I. (2010 a) *Morenia petersi. Chelonian Research Monograph* **5**: 045.1- 044.5.

Das, I. (2010 b) A descoberta das tartarugas indianas. Instituto de Vida Selvagem da Índia, Dehradun. 114 pp.

Das, I. e Pritchard, P.C.H. (1990) Intergradação entre *Melanochelys trijuga trijuga* e *M. t. coronata* (Testudines: Emydidae: Batagurinae). *Asiatic Herpetological Research* **3**: 52-53.

Das, I. e Singh, S. (2009) *Chitra indica. Chelonian Research Monograph* **5**: 027.1-027.7.

Das, I. e Bhupathy S. (2009 a) *Hardella thurjii. Chelonian Research Monograph* **5**: 023.1-023.6.

Das, I. e Bhupathy, S. (2010) *Geoclemys hamiltonii. Chelonian Research Monograph* **5**: 043.1-

043.6.

Das, I., Sengupta, S. e Praschag, P. (2010 a) *Pangshura sylhetensis*. *Chelonian Research Monograph* **5**: 046.1-046.6.

Das, I., Singh, S. e Basu, D. (2010 b) *Nilssonia hurum*. *Chelonian Research Monograph* **5**.

Das, K.C. (2008) Diversidade e ecologia de quelónios e sua conservação em Barak Valley, Assam, Nordeste da Índia. Tese de doutoramento, Departamento de Ecologia e Ciências Ambientais, Universidade de Assam, Silchar, 213pp.

Das, K.C. and Gupta, A. (2004) Turtle market survey in Silchar, Assam, northeastern India. *Turtle and Tortoise Newsletter* **8**: 18-17.

Das, K.C. e Gupta, A. (2011) Registos locais de tartarugas de carapaça mole (Chelonia: Trionychidae) de Barak Valley, Assam, nordeste da Índia. *Journal of Threatened Taxa* **3**: 17221726.

Das, K.C., Kundu, S., Ghosh, S.K. e Gupta, A. (2012 b) Traditional Knowledge on Zootherapeutic Uses of Turtle is an Issue for International Conservation, Recent Advances in Natural Products Research, 81-89 pp.

Das, I. e Bhupathy, S. (2009 b) *Melanochelys trijuga*. *Chelonian Research Monograph* **5**: 038.1-9.

Datta, A. (1998) Registos de tartarugas do Santuário de Vida Selvagem de Pakhui, Arunachal Pradesh, nordeste da Índia. *Journal of the Bombay Natural History Society* **95**: 121-123.

Dawnay, N., Ogden, R., McEwing, R. e Carvalho, G.R. (2007) Validação do código de barras do gene COI para utilização na identificação genética forense de espécies. *Forensic Science International* **173**: 1-6.

Deepak, V., Ramesh, M., Bhupathy, S. e Vasudevan, K. (2011) *Indotestudo travancorica*. *Chelonian Research Monograph* **5**: 054.6 pp.

Desalle, R. (2006) Species discovery versus species identification in DNA barcoding efforts: response to Rubinoff. *Conservation Biology* **20**: 1545- 7.

DeSalle, R., Egan, M.G. e Siddall, M. (2005) The unholy trinity: taxonomy, species delimitation and DNA barcoding. *Philosophical Transactions of the Royal Society* B **360**: 1905-1916.

Drosopoulou, E. Tsiamis, G., et al. (2012) O genoma mitocondrial completo da tartaruga *Caretta caretta* (Testudines: Cheloniidae): descrição do genoma e considerações filogenéticas. *DNA mitocondrial* **23**: 1-12.

Dutta, S. (1997) Fresh water turtles and land tortoises of Dhubri District (Tartarugas de água doce e tartarugas terrestres do distrito de Dhubri). *Zoos' Print Journal* **12**: 1-4.

Engstrom, T. e McCord, W.P. (2002) Molecular support for the taxonomic conclusions of McCord and Pritchard (2002), regarding Chitra. *Hamadryad* **27**: 57-61.

Engstrom, T.N., Edwards, T., Ostentowski, M. e Meyers, E. (2007) A compendium of PCR primers for mtDNA, microsatellite and other nuclear markers for freshwater turtles and tortoises. *Chelonian Research Monograph* **4**: 124-141.

Engstrom, T.N., Shaffer, H.B. e McCord, W.P. (2002) Phylogenetic diversity of endangered and critically endangered southeast Asian softshell turtles (Trionychidae: Chitra). *Biological Conservation* **104**: 173-179.

Engstrom, T.N., Shaffer, H.B. e McCord, W.P. (2004) Multiple data sets, high homoplasy, and the phylogeny of softshell turtles (Testudines: Trionychidae). *Systematic Biology* **53**: 693-710.

Ernst, C.H. e Barbour, R.W. (1998) Turtles of the World. Smithsonian Institution Press, Washington, DC, 313 pp.

Feldman, C.R. e Parham, J.F. (2001) Molecular systematics of emydine turtles: Relatório de investigação do Fundo Linnaeus. *Chelonian Conservation Biology* **4**: 224- 228.

Feldman, C.R. e Parham, J.F. (2002) Molecular phylogenetics of emydine turtles: taxonomic revision and the evolution of shell kinesis. *Molecular Phylogenetics and Evolution* **22**: 388-398.

Feldman, C.R. e Parham, J.F. (2004) Molecular systematics of Old World stripe-necked turtles (Testudines: Mauremys). *Asiatic Herpetological Research* **10**: 28-37.

Fong, J.J., Brown, J.M., Fujita, M.K. e Boussau, B. (2012) A Phylogenomic Approach to Vertebrate Phylogeny Supports a Turtle-Archosaur Affinity and a Possible Paraphyletic Lissamphibia. *PLoS ONE* **7**: e48990.

Fong, J.J., Parham, J.F., Shi, H., Stuart, B. e Carter, R.L. (2007) A genetic survey of heavily exploited, endangered turtles: caveats on the conservation value of trade animals. *Animal Conservation* **10**: 452-460.

Frazier, J.G. and Das, I. (1994) Some notable records of Testudines from the Indian and Burmese subregions. *Hamadryad* **19**: 47-66.

Fritz, U. e Havas, P. (2007) Checklist of Chelonians of the world. *Vertebrate Zoology* **57**: 149-368.

Fritz, U., Barata, M., Busack, D.D, Fritzsch, G. e Castiho, R. (2006). Impacto das cadeias montanhosas, estreitos marítimos e populações periféricas na estrutura genética e taxonómica de uma tartaruga de água doce, *Mauremys leprosa* (Reptilia, Testudines, Geoemydidae). *Zoologica Scripta* **35**: 97-108.

Fritz, U., Branch, W.R., Hofmeyr, M.D., Maran, J., Prokop, H., Schleicher, A., Siroky, P., Stuckas, H., Vargas-Ramirez, M., Vences, M. e Hundsdorfer, A.K. (2011) Molecular phylogeny of African hinged and helmeted terrapins (Testudines: Pelomedusidae: Pelusios and Pelomedusa). *Zoologica Scripta* **40**: 115-125.

Fritz, U., Fattizzo, T., Guicking, D., Tripepi, S., Pennisi, M.G., Lenk, P., Joger, U. e Wink, M. (2005) Uma nova espécie críptica de tartaruga do sul de Itália, o ponto mais quente na área de distribuição do género Emys (Reptilia, Testudines, Emydidae). *Zoologica Scripta* **34**: 351-371.

Fritz, U., Guicking, D., Auer, M., Sommer, R.S., Wink, M. e Hundsdorfer, A.K. (2008) Diversidade do género Cyclemys de tartarugas de folha do Sudeste Asiático: quantas folhas na sua árvore da vida? *Zoologica Scripta* **37**: 367-390.

Fujita, M.K., Engstrom, T.N., Starkey, D.E. e Shaffer, H.B. (2004) Turtle phylogeny: insights from a novel nuclear intron. *Molecular Phylogenetics and Evolution* **31**: 1031-1040.

Gaffney, E.S. (1975 a) A phylogeny and classification of the higher categories of turtles. *Boletim do Museu Americano de História Natural* **155**: 387-436.

Gaffney, E.S. (1975 b) Filogenia das tartarugas quelíderas: Um estudo de caracteres derivados partilhados do crânio. *Fieldiana Geology* **33**: 157-178.

Gaffney, E.S. e Meylan, P.A. (1988) A phylogeny of turtles. *Systematic Association Spec* **35**: 157-219.

Ghosh, P.R., Kundu, S., Das, K.C., Laskar, B.A., Devi, B. e Ghosh, S.K. (2012a) Sampling and Vouchering. A text book of DNA barcoding. Book space, Kolkata.

Ghosh, S.K., Bhattacharjee, M.J. Mahadani, P. e Laskar, B.A. (2012 b) Fundamentals of DNA barcoding. Um livro de texto sobre códigos de barras de ADN. Book space, Kolkata.

Gibbons, J.W., Scott, D.E. e Ryan, T.J. (2000) The global decline of reptiles, deja vu amphibians. *BioScience* **50**: 653-666.

Gjedrem, T. e Baranski, M. (2009) Selective Breeding in Aquaculture: An Introduction, Londres, Springer.

Gong, S., Wang, J., Shi, H., Song, R. e Xu, R. (2006) Illegal trade and conservation requirements of freshwater turtles in Nanmao, Hainan province, China, Oryx **40**: 331-336.

Gray, J.E. (1864) Revision of the species of Trionychidae found in Asia and Africa, with the descriptions of some new species. *Actas da Sociedade Zoológica de Londres* 76-98 pp.

Gregory, T.R. (2005) DNA barcoding does not compete with taxonomy. *Nature* **434**: 1067.

Gunther, A. (1864) The Reptiles of British India. Publicado para a Ray Society por Robert Hardwicke, Londres, 452 pp.

Gupta, A. (2002). Os quelónios do nordeste da Índia. *Turtle and Tortoise Newsletter* **6**: 16-17.

Haitao, S., Parham, J.F., Lau, M. and Tien-His, C. (2007) Farming endangered turtles to extinction in China. *Conservation Biology* **21**: 5-6.

Hajibabaei, M., Janzen, D.H., Burns, J.M., Hallwachs, W. e Hebert, P.D.N. (2006) DNA barcodes distinguish species of tropical Lepidoptera. *Actas da Academia Nacional de Ciências dos EUA* **103**: 968-971.

Harris, D.J. (2003) Can you bank on GenBank? *Tendências em Ecologia e Evolução* **18**: 317319.

Hausmann, A., Haszprunar, G. e Hebert, P.D.N. (2011) DNA barcoding the geometrid fauna of Bavaria (Lepidoptera): successes, surprises, and questions. *PLoS ONE* **6**: 223-24.

Hebert, P.D.N., Cywinska, A., Ball, S.L. e deWaard, J.R. (2003 a) Biological identifications through DNA barcodes. *Proceedings of the Royal Society of London Series B* **270**: 313-321.

Hebert, P.D.N., Penton, E.H., Burns, J.M., Janzen, D.H. e Hallwachs, W. (2004 a) Ten species in one: O código de barras do ADN revela espécies crípticas na borboleta saltadora neotropical *Astraptes fulgerator*. *Proceedings of the National Academy of Sciences* **101**: 14812-14817.

Hebert, P.D.N., Ratnasingham, S. e deWaard, J.R. (2003 b) Barcoding animal life: cytochrome c oxidase subunit 1 divergences among closely related species. *Proceedings of the Royal Society of London B* **270**: S96-S99.

Hebert, P.D.N., Stoeckle, M.Y., Zemlak, T.S. e Francis, C.M. (2004 b) Identification of birds through DNA barcodes. *PLoS Biology* **2**: e312.

Hedges, S.B. (2012) Filogenia dos amniotas e a posição das tartarugas. *BMC Biology* **10**: 64.

Hedges, S.B. e Poling, L.L. (1999) A molecular phylogeny of reptiles. *Science* **283**: 9981001.

Honda, M., Yasukawa, Y. e Ota. H. (2002 a) Phylogeny of Eurasian freshwater turtles of the genus Mauremys Gray 1869 (Testudines), with special reference to a close affinity of *Mauremys japonica* with *Chinemys reevesii*. *Journal of Zoological Systematics and Evolutionary Research* **40**: 195- 200.

Honda, M., Yasukawa, Y., Hirayama, R. e Ota, H. (2002 b) Phylogenetic relationships of the Asian box turtles of the genus *Cuora sensu lato* (Reptilia: Bataguridae) inferred from mitochondrial DNA sequences. *Zoological Science* **17**: 1305-1312.

Hsieh, H.M., Liao, S.P., Huang, L.H., Kuo,Y.C., Lin, A.C.Y., Lee, J.C.I. e Tsai, L.C. (2008) Identificação de espécies de carapaças de tartaruga fragmentadas através do gene do citocromo b. *Journal of Forensic Science* **7**: 45-47.

Huang, J., Qin, X., Zhen, J.S. e Gui, L.T. (2007) Identificação de minhocas através de códigos de barras de ADN. *Pedobiologia* **51**: 301-309.

União Internacional para a Conservação da Natureza e dos Recursos Naturais (2012) IUCN Red List of Threatened Species, Versão 2012.2. www.iucnredlist.org.

Ives, I. (2006) Conservation of Sulawesi's two endemic chelonians, *Leucocephalon yuwonoi* and *Indotestudo forstenii*; a preliminary investigation into in-situ and exsitu conservation concerns. Tese, Universidade de Antioquia, Nova Inglaterra.

Ives, I., Spinks, P.Q. e Shaffer, H.B. (2008) Variação morfológica e genética na tartaruga de Sulawesi *Indotestudo forstenii*, ameaçada de extinção: evidência de linhagens distintas? *Conservation Genetics* **9**: 709-713.

Janzen, D.H., Hajibabaei, M., Burns, J.M., Hallwachs, W., Remigio, E. e Hebert, P.D.N. (2005) Wedding biodiversity inventory of a large and complex Lepidoptera fauna with DNA barcoding. *Philosophical Transactions of the Royal Society* B **360**: 18351845.

Jensen, K.A. e Das, I. (2008) Exploração cultural de tartarugas de água doce em Sarawak, Bornéu da Malásia. *Chelonian Conservation and Biology* **7**: 281- 285.

Jerdon, T.C. (1870) Notes on Indian Herpetology. *Journal of Asiatic Society Bengal* 66-85 pp.

Jing, H.E., Zhou, T., Rao, D.Q. e et al. (2007) Identificação molecular e posição filogenética de *Cuora yunnanensis*. *Boletim científico chinês* **52**:3305-3309.

Kelly, R.P., Sarkar, I.N., Eernisse, D.J. e Desalle, R. (2007) DNA barcoding using chitons (genus Mopalia). *Molecular Ecology Notes* **7**: 177-83.

Keshavmurthy, S., Yang, S.Y., Alamaru, A., Chuang, Y.Y., Pichon, M., Obura, D., Fontana, S., Palmas, S.D., Stefani, F., Benzoni, F., MacDonald, A., Noreen, A.M.E., Chen, C., Wallace, C.C., Pillay, R.M., Denis, V., Amri, A.Y., Reimer, J.D., Mezaki, T., Sheppard, C., Loya, Y., Abelson, A., Mohammed, M.S., Baker, A.C., Mostafavi, P.G., Suharsono, B.A. e Chen, C.A. (2013) DNA barcoding revela que o rato de laboratório de coral, *Stylophora pistillata*, engloba múltiplas identidades. *Relatório Científico*

3: 1520.

Kimura, M. (1980) Um método simples para estimar as taxas de evolução das substituições de bases através de estudos comparativos de sequências de nucleótidos. *Journal of Molecular Evolution* **16**: 111-120.

Kitimasak, W., Thirakhupt, K., Boonyaratpalin, S. e Moll, D.L. (2005) Distribution and Population Status of the Narrow-Headed Softshell Turtle Chitra spp. in Thailand. The Natural History Journal of Chulalongkorn University **5**: 31-42.

Krenz, J.G., Naylor, G.J.P., Shaffer, H.B. e Janzen, F.J. (2005) Molecular phylogenetics and evolution of turtles. *Molecular Phylogenetics and Evolution* **37**: 178-191.

Kress, W.J. e Erickson, D.L. (2008) DNA barcodes: Genes, genómica e bioinformática. *Proceedings of the National Academy of Sciences* **105**: 2761-2762.

Kundu, S., Das, K.C. and Ghosh, S.K. (2013 a) Taxonomic rank of Indian tortoise: revisit with DNA barcoding perspective. *DNA Barcodes* 39-45.

Kundu, S., Das, K.C., Lalremsanga, H.T., Gupta, A. e Ghosh, S.K. (2013 b) A new report for all representatives of Asian forest tortoise has their footmarks in northeast India, Bioresources and Traditional Knowledge of Northeast India. 241-245 pp.

Lambert, D.M., Baker, A., Huynen, L., Haddrath, O., Hebert, P.D.N. e Millar, C.D. (2005) Is a large-scale DNA-based inventory of ancient life possible? *Journal of Heredity* **96**: 279-84.

Laskar, B.A., Bhattacharjee, M.J., Dhar, B., Mahadani, P., Kundu, S. e Ghosh, S.K. (2013) O dilema das espécies de mahseer do nordeste da Índia (Actinopterygii: Cyprinidae): DNA barcoding in clarifying the riddle. *PLoS ONE* **8**: e0053704.

Le, M., McCord, W.P. and Iverson, J.B. (2007) On the paraphyly of the genus Kachuga (Testudines: Geoemydidae). *Molecular Phylogenetics and Evolution* **45**: 398-404.

Le, M., Raxworthy, C.J., McCord, W.P. e Mertz, L. (2006) Amolecular phylogeny of tortoises (Testudines: Testudinidae) basedon mitochondrial and nuclear genes. *Molecular Phylogenetics and Evolution* **40**: 517-531.

Lee, J.C.I., Hsieh, H.M. e Huang, L.H. (2009) Identificação de marfim através do perfil de ADN do gene do citocromo b. *Jornal Internacional de Medicina Legal* **123**: 117-121.

Liebing, N., Praschag, P., Gosh, R., Vasudevan, K., Rashid, S.M.A., Rao, D.Q., Stuckas, H. U. e Fritz, U. (2012) Molecular phylogeny of the softshell turtle genus Nilssonia revisited, with first records of *N. formosa* for China and wild-living *N. nigricans* for Bangladesh. *Vertebrate Zoology*

62: 261-272.

Linacre, A. (2006) Application of mitochondrial DNA technologies in wildlife investigations species identification. *Forensic Science Review* **18**: 1-8.

Linacre, A.M.T. (2012) Eletroforese capilar de sequências do gene do citocromo b do mtDNA para identificação de espécies animais. *Métodos em Biologia Molecular* **830**: 321329.

Lohman, D.J., Prawiradilaga, D.M. e Meier, R. (2009) Improved *COI* barcoding primers for Southeast Asian perching birds (Aves: Passeriformes) *Molecular Ecology Resources* **9**: 37-40.

Lourenço, J.M., Claude, J., Galtier, N. e Chiari, Y. (2012) Datação de nós criptodiranos: origem e diversificação da superfamília de tartarugas Testudinoidea. *Molecular Phylogenetics and Evolution* **62**: 496-507.

Lyson, T.R., Erik, A.S., Alysha, M.H., Jacques, A.G., Benjamin, L.K. e Kevin, J.P. (2013) MicroRNAs suportam um clado tartaruga + lagarto, *Biological Letters* **8**: 104-107.

McCord, W.P. and Pritchard, P.C.H. (2002) A review of the softshell turtles of the genus Chitra, with the description of new taxa from Myanmar and Indonesia (Java). *Hamadryad* **27**: 11-56.

McCord, W.P., Iverson, J.B., Spinks, P. e Shaffer, H.B. (2000) Um novo género de tartaruga geoemidídea da Ásia (Testudines). *Hamadryad* **25**: 86-90.

Meier, R., Shiyang, K., Vaidya, G. e Ng, P.K. (2006) DNA barcoding and taxonomy in diptera: A tale of high intraspecific variability and low identification success. *Systematic Biology* **55**: 715-728.

Meyer, C.P. e Paulay, G. (2005) DNA Barcoding: Error Rates Based on Comprehensive Sampling. *PLoS Biology* **3**: e422.

Meylan, P.A. (1987) The phylogenetic relationships of soft-shelled turtles (family: Trionychidae). *Museu Americano de História Natural* **186**: 1-101.

Michel, G.J., Guery, L., Hulin, V. e Girondot, M. (2012) Uma grande filogenia de tartarugas (Testudines) usando dados moleculares. *Contribuições para a Zoologia* **81**.

Moll, D. e Iverson, J.B. (2008) Geographic variation in life history traits. In: The Biology of the Snapping Turtle (Chelydra serpentina). John Hopkins Univ, Press, Baltimore. 181-192 pp.

Moll, E.O. (1984) India's freshwater turtles in India their status, conservation and management. *Hamadryad* **9**: 49-55.

Moll, E.O. (1987) Survey of the freshwater turtles of India (Levantamento das tartarugas de água doce da Índia). *Jornal da Sociedade de História Natural de Bombaim* **84**: 7-25.

Moll, E.O. e Vijaya, J. (1986) Registos de distribuição de algumas tartarugas indianas. *Jornal da Sociedade de História Natural de Bombaim* **83**: 57-62.

Moritz, C. e Cicero, C. (2004) DNA Barcoding: Promise and Pitfalls. *PLoS Biology* **2**: 1529-31.

Naro-Maciel, E., Le, M., FizSimmons, N.N. e Amato, G. (2008). Relações evolutivas das tartarugas marinhas: uma filogenia molecular baseada em genes nucleares e mitocondriais. *Molecular Phylogenetics and Evolution* **49**: 659- 662.

Naro-Maciel, E., Reid, B., Fitzsimmons, N.N., Le, M., Desalle, R. e Amato, G. (2010) DNA barcodes for globally threatened marine turtles: a novel registry approach to documenting biodiversity. *Molecular Ecology Resources* **10**: 252-263.

Near, T.J., Meylan, P.A. and Shaffer, H.B. (2005) Assessing concordance of fossil calibration points in molecular clock studies: an example using turtles. *The American Naturalist* **165**: 137-146.

Nelson, L.A., Wallman, J.F. e Dowton, M. (2007) Using *COI* barcodes to identify forensically and medically important blowflies. *Medical and Veterinary Entomology* **21**: 44-52.

Parham, J.F. e Irmis, R.B. (2008) Caveats on the use of fossil calibrations for molecular dating: a comment on Near et al. *American Naturalist* **171**: 132- 6.

Parham, J.F. (2008) Rediscovery of an "extinct" Galàpagos tortoise (redescoberta de uma tartaruga das Galápagos "extinta"). *Actas da Academia Nacional* **105**: 15227-15228.

Parham, J.F., Donoghue, P.C., Bell, C.J., Calway, T.D., Head, J.J., Holroyd, P.A., Inoue, J.G., Irmis, R.B., Joyce, W.G., Ksepka, D.T., Patane, J.S., Smith, N.D., Tarver, J.E., vanTuinen, M., Yang, Z., Angielczyk, K.D., Greenwood, J.M., Hipsley, C.A., Jacobs, L., Makovicky, P.J., Muller, J., Smith, K.T., Theodor, J.M., Warnock, R.C. e Benton, M.J. (2012) Best practices for justifying fossil calibrations. *Systematic Biology* **61**: 346-59.

Parham, J.F., Feldman, C.R. and Boore, J.L. (2006 a) The complete mitochondrial genome of the enigmatic bigheaded turtle (Platysternon): description of unusual genomic features and the reconciliation of phylogenetic hypotheses based on mitochondrial and nuclear DNA. *BMC Evolutionary Biology.* **7**: 6-11.

Parham, J.F., Macey, J.R., Papenfuss, T.J., Feldman, C.R., Turkozan, O., Polymeni, R. e Boore, J. (2006 b) The phylogeny of Mediterranean tortoises and their close relatives based on complete mitochondrial genome sequences from museum specimens. *Molecular Phylogenetics and*

Evolution **38**: 50-64.

Parham, J.F., Papenfuss, T.J., Dijk, P.P., Wilson, B.S., Marte, C., Schettino, L.R. e Brian, S.W. (2013) Introgressão genética e hibridização em tartarugas de água doce das Antilhas (Trachemys) reveladas por análises coalescentes de marcadores mitocondriais e nucleares clonados. *Molecular Phylogenetics and Evolution* **67**:176-187.

Park, D.S., Foottit, R., Maw, E. e Hebert, P.D.N (2011) Barcoding bugs: Identificação baseada no ADN dos verdadeiros insectos (Insecta: Hemiptera: Heteroptera). *PLoS ONE* **6**: e18749.

Pawar, S.S. and Choudhury, B.C. (2000) An inventory of Chelonians from Mizoram, northeastern India: new records and some observations of threats. *Hamadryad* **25**: 144-158.

Peng, Q.L., Pu, Y.G., Wang, Z.F. e Nie, L.W. (2005) Análise completa da sequência do genoma mitocondrial da tartaruga de carapaça mole chinesa (*Pelodiscus sinensis*). *Chinese Journal of Biochemistry and Molecular Biology* **21**: 591-596.

Poulakakis, N., Glaberman, S., Russello, M., Beheregaray, L.B., Ciofi, C., et al. (2008) Historical DNA analysis reveals living descendants of an extinct species of Galapagos tortoise. *Proceedings of the National Academy of Sciences* **105**: 15464-15469.

Praschag, P. and Gemel, R. (2002) Identity of the black soft-shell turtle *Aspideretes nigricans* (Anderson, 1875), with remarks on related species. Faunistische Abhandlungen, **23**: 87-116.

Praschag, P., Hundsdorfer, A.K. e Fritz, U. (2007 a) Phylogeny and taxonomy of endangered South and South-east Asian freshwater turtles elucidated by mtDNA sequence variation (Testudines: Geoemydidae: Batagur, Callagur, Hardella, Kachuga, Pangshura). *Zoologica Scripta* **36**: 429-442.

Praschag, P., Hundsdorfer, A.K. e Fritz, U. (2009) Outros espécimes e posição filogenética da espécie de tartaruga de folha recentemente descrita *Cyclemys gemeli* (Testudines: Geoemydidae). *Zootaxa* **2008**: 29-37.

Praschag, P., Hundsdorfer, A.K., Reza, A.H.M. e Fritz, U. (2007 b) Genetic evidence for wild-living *Aspideretes nigricans* and a molecular phylogeny of South Asian softshell turtles (Reptilia: Trionychidae: Aspideretes, Nilssonia). *Zoologica Scripta* **36**: 301310.

Praschag, P., Schmidt, C., Fritzsch, G., Muller, A., Gemel, R. e Fritz, U. (2006) *Geoemyda silvatica*, uma tartaruga enigmática dos Geoemydidae (Reptilia: Testudines), representa um género distinto. *Organismos, Diversidade e Evolução* **6**: 151-162.

Praschag, P., Stuckas, H., Packert, M., Maran, J. e Fritz, U. (2011) As sequências de ADN mitocondrial sugerem uma taxonomia revista das tartarugas de carapaça afilada asiáticas e a validade de taxa anteriormente não reconhecidos (Testudines: Trionychidae). *Vertebrate Zoology* **61**: 147-160.

Pritchard, P.C.H. (1967) Living Turtles of the World. Jersey City, New Jersey: T.F.H. Publishing.

Pritchard, P.C.H. (1979) Encyclopedia of Turtles. T.F.H. Publications, Neptune, N.J., 895 pp.

Pritchard, P.C.H. (2000) *Indotestudo travancorica...* Espécie de tartaruga avaliada? *Reptile & Amphibian Hobbyist* **5**: 18-28.

Ratnasingham, S. e Hebert, P.D.N. (2007) BOLD: The Barcode of Life Data System. *Molecular Ecology Notes* **7**: 355-364.

Ravindranath, N.H., Rao, S., Sharma, N., Nair, M., Gopalakrishnan, R., Rao, A.S., Malaviya, S., Tiwari, R., Sagadevan, A., Munsi, M., Krishna, N. e Bala, G. (2011) Climate change vulnerability profiles for North East India. *Current Science* **101**: 384-394.

Reid, B.N., Le, M., McCord, W.P., Iverson, J.B., Georges, A., Bergmann, T., Amato, G., Desalle, R. e Naro-Maciel, E. (2011) Comparação e combinação de abordagens baseadas na distância e em caracteres para o código de barras de tartarugas. *Molecular Ecology Resources* **11**: 956-967.

Reisz, RR. e Head, J.J. (2008) Paleontologia: As origens das tartarugas no mar. *Nature* **456**: 450-451.

Rhodin, A.G.J., Pritchard, P.C.H., van Dijk, P.P., Saumure, R.A., Buhlmann, K.A., Iverson, J.B. e Mittermeier, R.A. (2011) Conservation Biology of Freshwater Turtles and Tortoises. *Chelonian Research Monographs* **5**: 49- 66.

Rieppel, O. (2000) Turtles as diapsid reptiles. *Zoologica Scripta* **29**: 199-212. Rieppel, O. e Reisz, R. R. (1999) The origin and early evolution of turtles. *Annual Review of Ecology and Systematics* **30**: 1-22.

Rohilla, M.S. e Tiwari, P.K. (2008) Método simples de recolha de sangue de tartarugas de água doce indianas para estudos genéticos. *Ata Herpetologica* **3**: 65-69.

Rubinoff, D. (2006 a) DNA barcoding evolui para o familiar. *Conservation Biology* **20**: 1548-9.

Rubinoff, D. (2006 b) Utility of mitochondrial DNA barcodes in species conservation. *Conservation Biology* **20**: 1026-33.

Rubinoff, D., Cameron, S. e Will, K. (2006). A genomic perspective on the shortcomings of mitochondrial DNA for barcoding identification (Uma perspetiva genómica das deficiências do ADN mitocondrial para a identificação de códigos de barras). *Jounal of Heredity* **97**: 581-94.

Russello, M.A., Poulakakis, N., Gibbs, J.P., Tapia, W., Benavides, E., et al. (2010) DNA from the Past Informs Ex Situ Conservation for the Future: Uma espécie ""extinta"" de Espécie de tartaruga das Galápagos identificada em cativeiro. *PLoS ONE* **5**: e8683.

Sambrook, J. e Russell, D.W. (2001) Molecular cloning- a laboratory manual. (Cold Spring Harbor Laboratory Press, Cold Spring Harbor).

Schaffer, C. e Morgan, V. (2002) Behavioral Observations of Captive Juvenile *Manouria emys phayrei* with Notes on Degrees of Intergradation with *Manouria emys emys*. *Turtle and Tortoise Newsletter* **5**: 2-6.

Schoeppe, S. e Das, I. (2011) *Cuora amboinensis*. *Chelonian Research Monograph* **5**: 053.1-053.13.

Schwartz, T.S., Osentoski, M., Lamb, T. e Karl, S.A. (2003) Microsatellite loci for the North American tortoises (genus Gopherus) and their applicability to other turtle species. *Molecular Ecology Primer* **3**:283-286.

Seberg, O. e Petersen, G. (2009) How Many Loci Does it Take to DNA Barcode a Crocus? *PLoS ONE* **4**: e4598.

Serb, J.M., Phillips, C.A. and Iverson, J.B. (2001) Molecular phylogeny and biogeography of *Kinosternon flavescens* based on complete mitochondrial control region sequences. *Molecular Phylogenetics and Evolution* **18**: 149- 162.

Shaffer, H.B., Meylan, P.A. e McKnight, M.L. (1997) Tests of turtle phylogeny: molecular, morphological, and paleontological approaches. *Systematic Biology* **46**: 235-268.

Smith, M.A. (1931) The Fauna of British India, Ceylon and Burma: Amphibia and Reptilia. Vol. I-Loricata, Testudines, Taylor and Francis Ltd., Londres, 185pp.

Spinks, P., Shaffer, H.B., Iverson, J.B. e McCord, W.P. (2004) Molecular phylogenetics of the geoemydid turtles. *Molecular Phylogenetics and Evolution* **32**:164-182.

Spinks, P.Q. and Shaffer, H.B. (2006) Conservation phylogenetics of the Asian box turtles (Geoemydidae: Cuora) using non-traditional biological materials in species conservation. *Conservation Genetics* **8**: 641-657.

Spinks, P.Q. and Shaffer, H.B. (2007) Conservation phylogenetics of the Asian box turtles (Geoemydidae, Cuora): mitochondrial introgressions, numts, and inferences from multiple nuclear loci. *Conservation Genetics* **8**: 641- 657.

Spinks, P.Q. e Shaffer, H.B. (2009) Filogenias conflituosas de genes mitocondriais e nucleares para o complexo de espécies amplamente disjuntas Emys (Testudines: Emydidae), e o que elas nos dizem sobre biogeografia e hibridação. *Systematic Biology* **58**: 1-20.

Spinks, P.Q., Thomson, R.C., Lovely, G.A. e Shaffer, H.B. (2009) Avaliar o que é necessário para resolver uma filogenia molecular: simulações e dados empíricos de tartarugas emydid. *BMC Evolutionary Ecology* **9**: 56.

Stephens, P.R. e Wiens, J.J. (2003) Ecological diversification and phylogeny of emydid turtles. *Biological Journal of the Linnean Society* **79**: 577-610.

Stephens, P.R. e Wiens, J.J. (2009) Evolution of sexual size dimorphisms in emydid turtles; ecological dimorphism, Rensch "s rule, and sympatric divergence. *Evolution* **63**: 910-925.

Sterli, J. (2008) Uma nova tartaruga tronco quase completa do Jurássico da América do Sul com implicações para a evolução das tartarugas. *Biological Letters* **4**: 286-9.

Sterli, J. (2010) Relações filogenéticas entre tartarugas extintas e existentes: a posição de Pleurodira e os efeitos dos fósseis no enraizamento de tartarugas do grupo da coroa. *Contribuições para a Zoologia* **79**: 93-106.

Stoeckle, M. (2003) Taxonomia, ADN e o código de barras da vida. *BioScience* **53**: 2- 3.

Stoeckle, M.Y., Gamble, C.C., Kirpekar, R., Young, G., Ahmed, S. e Little, D.P. (2011) Commercial teas highlight plant DNA barcode identification success and obstacles. *Scientific Reports* **1**: 42.

Stuart, B.L. e Parham, J.F. (2004) Filogenia molecular da *tartaruga* de caixa indochinesa (*Cuora galbinifrons*), criticamente ameaçada de extinção. *Molecular Phylogenetics and Evolution* **31**: 164-177.

Talukdar, S.K. (1979) *Lissemys punctata punctata* (Bonnaterre) (Testudines: Trionychidae): uma adição à fauna de quelónios da drenagem de Brahmaputra, Assam. *Indian Journal of Zootomy* **20**: 181.

Tamura, K., Peterson, D., Peterson, N., Stecher, G., Nei, M. e Kumar, S. (2011) MEGA5: Molecular Evolutionary Genetics Analysis using Maximum Likelihood, Evolutionary Distance, and Maximum Parsimony Methods. *Biologia Molecular e Evolução* **28**: 2731-2739.

The Reptile Database (2013) Disponível em http://www.reptiledatabase.org/.

Thompson, J.D., Gibson, T.J. e Higgins, D.G. (2002) Multiple sequence alignment using ClustalW and ClustalX. *Protocolo atual em bioinformática* **2**: 23.

Tikader, B.K. e Sharma, R.C. (1985) Handbook Indian Testudines. Zoology Society of India, Calcutá. 156 pp.

Tobe, S.S. e Linacre, A. (2010) Tipagem de ADN em crimes contra a vida selvagem: desenvolvimentos recentes na identificação de espécies. *Ciência Forense e Patologia Médica.* **6**: 195-206.

Tobe, S.S., Kitchener, A. e Linacre, A. (2009) Citocromo b ou citocromo c oxidase subunidade I para a identificação de espécies de mamíferos - uma resposta ao debate. *Forensic Science International: Genetics* **2**: 306-307.

Traffic (2004) www.traffic.org/traffic-bulletin/ traffic_pub_bulletin_20_1.pdf.

Turtle Taxonomy Working Group (2009) *Chelonian Research Monographs* **5**: 0.39-0.84 pp.

Turtle Taxonomy Working Group (2010) *Chelonian Research Monographs* **5**: 0.85-0.164 pp.

Turtle Taxonomy Working Group (2011) *Chelonian Research Monographs* **5**: 0.160-0.237 pp.

Turtle Taxonomy Working Group (2012) *Chelonian Research Monographs 5:* 000.243000.328 pp.

UNEP-WCMC (2012) Base de dados de espécies UNEP-WCMC: Espécies listadas na CITES.

Vamberger, M., Stuckas, H. e Fritz, U. (2011) Quinze marcadores de microssatélites para o cágado-de-carapaça-estriada *Mauremys caspica* (Testudines: Geoemydidae) e testes de amplificação cruzada em *M. rivulata*. *Conservation Genetics Resources* **3**: 87-89.

Van Dijk, P.P., Stuart, B.L. e Rhodin, A.G.J. (2000) Asian Turtle Trade: Proceedings of a Workshop on Conservation and Trade of Freshwater Turtles and Tortoises in Asia. Chelonian Research Foundation, Lunenberg, EUA.

Vargas, S.M., Araujo, F.C. and Santos, F.R. (2009) DNA barcoding de tartarugas marinhas brasileiras (testudines). *Genética e Biologia Molecular* **32**: 608-612.

Vargas-Ramirez, M., Castano-Mora, O.V. and Fritz, U. (2008) Molecular phylogeny and divergence times of ancient South American and Malagasy river turtles (Testudines: Pleurodira: Podocnemididae). *Organismos, Diversidade e Evolução* **8**: 388-398.

Vilgalys, R. (2003) Erros de identificação taxonómica em bases de dados públicas de ADN. *New Phytologist* **160**: 4-5.

Walker, D., Orti, G. e Avise, J.C. (1998) Phylogenetic distinctiveness of a threatened aquatic turtle (*Sternotherus depressus*).*Conservation Biology* **12**: 639-645.

Walker, J.D. e Geissman, J.W. (2009) Geologic Time Scale: Geological Society of America.

Wang, J., Gong, S., Shi, H., Liu, Y. e Zhao, E. (2011) Reprodução e nidificação da tartaruga-de-caixa-de-quilha (*Cuora mouhotii*), ameaçada de extinção, na ilha de Hainan, China. *Chelonian*

Conservation and Biology **10**: 159-164.

Ward, R.D., Hanner, R. e Hebert, P.D.N. (2009) The campaign to DNA barcode all fishes, FISH-BOL. *Journal of Fish Biology* **74**: 329-356.

Ward, R.D., Zemlak, T.S., Innes, B.H., Last, P.R. e Hebert, P.D.N. (2005) DNA barcoding Australia's fish species. *Actas da Royal Society B* **360**: 1847-1857.

Webb, R.G. (2003) Observations on the giant softshell turtle, *Pelochelys cantorii*, with description of a new species. *Hamadryad* **27**: 99-107.

Weigt, L.A., Baldwin, C.C., Driskell, A., Smith, D.G., Ormos, A. e Reyier, E.A. (2012) Using DNA Barcoding to Assess Caribbean Reef Fish Biodiversity: Expandindo a cobertura taxonómica e geográfica. *PLoS ONE* **7**: e41059.

Weisrock, D.W. e Janzen, F.J. (2000) Filogeografia molecular comparativa das tartarugas softshell da América do Norte (Apalone): Implications for regional and wide-scale historical evolutionaryforces. *Molecular Phylogenetics and Evolution* **14**: 152-164.

Werneburg, I. e Sanchez-Villagra, M.R. (2009) O momento da organogénese apoia a posição basal das tartarugas na árvore da vida dos amniotas. *BMC Evolutionary Biology* **9**: 82.

Whitaker, N. (2012) Reprodução e morfologia da tartaruga de Travancore (*Indotestudo travancorica*) Boulenger, 1907, Morphometrics.

Wiens, J.J., Kuczynski, C.A. e Stephens, P.R. (2010) Filogenias discordantes de genes mitocondriais e nucleares em tartarugas emydid: implicações para a especiação e conservação. *Biological Journal of the Linnean Society* **99**: 445-461.

Will, K.W., Mishler, B.D. e Wheeler, Q.D. (2005) The Perils of DNA Barcoding and the Need for Integrative Taxonomy. *Systematic Biology* **54**: 844-51.

Williams, D.A. e Osentoski, M. (2007) Genetic considerations for the captive breeding and reintroduction of freshwater turtles and tortoises (Considerações genéticas para a reprodução em cativeiro e reintrodução de tartarugas e cágados de água doce). *Chelonian Conservation and Biology* **6**: 302-313.

Wong, E.H.K., Shivji, M.S. e Hanner, R.H. (2009) Identifying sharks with DNA barcodes: assessing the utility of a nucleotide diagnostic approach. *Molecular Ecology Resources* **9**: 243-256.

Wong, L.L., Peatman, E., Lu, J., Kucuktas, H., He, S., Zhou, C., Na-nakorn, U. e Liu, Z. (2011) DNA barcoding of catfish: species authentication and phylogenetic assessment. *PLoS ONE* **6**: e17812.

Yoo, H.S., Eah, J.Y., Kim, J.S., Kim, Y.J., Min, M.S,, Paek, W.K., Lee, H. e Kim, C.B. (2006) DNA barcoding Korean birds. *Molecules and Cells.* **22**: 323-327.

Zardoya, R. e Meyer A. (2001) The evolutionary position of turtles revised. *Naturwissenschaften* **88**: 193-200.

Zardoya, R. and Meyer, A. (1998) Complete mitochondrial genome suggests diapsid affinities of turtles. *Proceedings of the National Academy of Sciences* **95**: 1422614231.

Zhang, L. et al. (2008) Sequência completa e organização do genoma mitocondrial de *Cyclemys atripons* (Testudines, Geoemydidae). *Genetics and Molecular Biology* **31**: 783-788.

Zhang, L., Nie, L., Cao, C. e Zhan, Y. (2008) O genoma mitocondrial completo da tartaruga de caixa com quilha *Pyxidea mouhotii* e análise filogenética dos principais grupos de tartarugas. *Journal of Genetics and Genomics* **35**: 33- 40.

Notas dos leitores

MIX
Papier aus verantwortungsvollen Quellen
Paper from responsible sources
FSC® C105338

Printed by Books on Demand GmbH, Norderstedt / Germany